(Hanging Temple) China……………（悬空寺）中国

(Church of the Transfiguration) Russia……………（主显圣容教堂）俄罗斯

(Suleymaniye Mosque) Turkey……………（苏莱曼尼耶清真寺）土耳其

(St Catherine's Monastery) Egypt……………（圣凯瑟琳修道院）埃及

(Sri Ranganatha Temple) India……………（斯里·兰甘纳萨寺）印度

《漫游世界建筑群》

是英国广播公司（BBC）的

一部经典纪录片，

主持人丹 · 克鲁克香克

（Dan Cruickshank）

作为一位建筑历史学家也因之闻名。

本书系以纪录片内容为基础，

配置以更为精美细致的建筑图片，

按照 8 个主题为大众讲解了足以震撼

世界的 36 座建筑，

并探寻这些建筑背后更为震撼的故事、

文化的起因和曾经的人物传说。

本书系共包括 4 个分册，分别是：

《漫游世界建筑群之美丽 · 连接》

《漫游世界建筑群之死亡 · 灾难》

《漫游世界建筑群之梦想 · 仙境》

《漫游世界建筑群之愉悦 · 权力》。

本书作者丹·克鲁克香克不仅是英国广播公司（BBC）电视台定期主持人，而且是一位建筑历史学家，他最为人们所熟悉的、也是最受欢迎的电视系列节目有《英国最好的建筑》和《工业革命为我们带来了什么》。

由他主持的系列纪录片还包括《当代的奇迹》《弗里斯－格林失落的世界》《世界八十宝藏》，这些纪录片也均推出了相应的同名畅销书。

他是乔治亚（历史建筑保护）小组的活跃成员，并一直在英国谢菲尔德大学建筑系担任客座教授。

他出版过包括《乔治亚时代的城市生活》《英国和爱尔兰的乔治亚建筑欣赏指南》等多部著作，其中最为著名的是由他担任主编的《弗莱彻建筑史》，该书是目前世界上最具学术价值的建筑通史之一。

A phoenix paperback
First published by Weidenfeld & Nicolson, a division of The Orion Publishing Group, London
This paperback edition published in 2009 by Phoenix, an imprint of Orion Books Ltd

BBC 经典纪录片图文书系列

# 漫游世界建筑群之

# 梦想·仙境

## Adventures in Architecture

【英】Dan Cruickshank（丹·克鲁克香克）著
吴捷　杨小军　译

中国水利水电出版社
www.waterpub.com.cn

# 前言

本书记录了一场环球之旅。我从巴西的圣保罗出发，历经一年到达阿富汗偏远地带，旅程至此结束。全程覆盖了世界五大洲 20 多个国家，从冰冷广袤的北极圈和冬季的俄罗斯北部一直跨越到火热的中东沙漠、亚马孙潮热的热带雨林，以及印度和中国的众多火炉城市。

旅程的目的是要通过探索世界各地的建筑和城市，以此了解并记录人类历史及其抱负、信念、胜利和灾难。在这场探索之旅中，各个地区具有着全然不同的文化、气候、建筑规模和建筑类型，它们相互碰撞又相互融合。我见识了各种各样的城市，包括世界上最古老的一直有人居住的城市——叙利亚的大马士革、21 世纪建成的第一个新首都城市——哈萨克斯坦的阿斯塔纳，只为感受人们是如何生活在一起，以及建筑物是怎样界定和影射社会的。除了城市整体之外，我也单独探索了建筑物，包括寺庙、教堂、城堡、宫殿、摩天大楼、妓院兼女性闺房、监狱，以及位于阿富汗的世界上最完美的早期尖塔——神秘的 12 世纪贾穆宣礼塔。从某种意义上说，我曾帮人建造过世界上最古老的建筑物——听起来有点自相矛盾——以此来探寻建筑物的起源：在格陵兰，我和因纽特人共同建造冰屋——这个古老而巧妙的、拥有原始之美的物体结构，它揭示了早期建筑形成史，人们运用他们的工程天赋和可用的材料来建造一个可以抵御风雪和野兽的栖身之所。

这次探索之旅的成果在英国广播公司第 2 频道“漫游世界建筑群”的节目中播出，现在以书籍的形式呈现，它讲述了我亲身体验的建筑历史。汇编这段历史令人筋疲力尽，但又一直让我感到愉悦和振奋。建筑是人类最紧迫的，并且可以说是一直以来要求最高的活动，因为许多看似相互抵触的需求需要被调和、需要和谐共存。例如，建筑揭示了如何通过巧妙的设计来化解大自然中潜在的灾害力量，如何利用自然之力来驯服甚至挑战自然，如何将潜在的问题转化为优势。一些需要承受重力作用的建筑物——如穹顶、拱门等——结构非常坚固、承重能力极强，正是因为人们利用了如重力之类的自然力量。我们还看到，古往今来，建筑充分地挖掘了大自然的潜力，不只是利用天然的形态和材质——如黏土、石头和木材——同时还凭借人力将自然的产物进行改造和强化，创造出了新式的、更坚固的建筑材料，如铁、钢筋混凝土和钢。建筑应该是灵感受到启发后，艺术与科学紧密结合的创造性产物，诚如罗马建筑师维特鲁威在两千多年前的解释，建筑必须具备“商品性、稳固性和愉悦性”，这三者正是需要通过建筑调节的潜在矛盾。建筑物必须在满足功能性要求的同时，又具有结构稳定性和诗意，既要美丽，又要有意义，能激发并利用人们的才智和想象，如果是宗教建筑，还应通过物质手法唤起精神感受。只满足维特鲁威前两个要求的建筑仅仅是一种实用的构造，而只有第三点——即使在结构上没有必要性，但却提升了精神上的愉悦性——才将结构转化为了有设计感的“建筑”。

根据不同的建造原因，本书系中所述的地点被分成了8个不同的主题：建立栖身之所；应对灾难；表现世俗权力；致敬和纪念他们的神灵；建立人间天堂，将理想主义的梦想转化为可触摸的现实；展现死亡之谜，揣测死后生活；创建能够实现共同生活的群体；寻求对艺术美的感官享受及精神和视觉的愉悦。

在这史诗般的旅程中，我学到了很多，想到了很多。建筑是向所有人开放的伟大探险、是伟大的公共艺术，因为建筑就在我们周围。不管喜欢与否，我们都生活并工作在其中，或仅仅通过、走过它们。建筑物是私有财产，但它们也具有一个强有力的公共生命——伟大的建筑是属于所有人的。正确看待它，或者仅仅是稍微地了解它，揭开建筑石材中尘封的故事，都能更加充实、愉悦地生活。我希望这本书可以让每一位读者对建筑多一点喜爱，多一点了解。

我担心书中提及的某些地方会令人感到震惊和困惑，但是我也希望，这些地方能让人感到愉悦，能激起人们的求知欲。没有选择英国和爱尔兰的任何场所，并不意味着这些岛上的建筑质量较差或是在世界上地位较低。恰恰相反，正是因为很多地方我都已经在其他书中作过介绍，因此在本书中便不再重复，而是把重点放在那些我很早就感兴趣但却没有去过或是详细了解过的地方。

对于本书中的大多数地点而言，探访是相对安全且简单的，但考虑到旅游对环境造成的破坏，很多读者可能会更喜欢在书中阅读这些遥远并脆弱的建筑瑰宝，而不是参观它们。然而，更强大、更直接的威胁来自于冲突和贫穷。世界正日益成为一个充满敌意和分歧的地方，战争和忽视使得这些历史遗迹面临前所未有的威胁，其中许多被掠夺甚至毁坏。但愿本书能提醒人们，这些文化和艺术瑰宝很可能正处于威胁之中，最起码，这本书记录下了那些可能很快就将被永远改变的建筑。

# 目录

梦想
Dreams
LEFTBANKAPTS.COM

希巴姆著名的
由泥砖砌成的塔楼群

## 泥建的曼哈顿，沙漠中的海市蜃楼——
希巴姆（也门）

第一眼瞥见希巴姆时，我便被它的惊艳折服了。当时我正在从也门首都萨那飞向希巴姆机场的航班上，翱翔于5000 英尺（1500 米）的高空。底下地形恶劣——寥寥几簇淡绿色的沙漠，泛白的树与灌木，四周平顶悬崖高高地耸立着。突然之间，我乘坐的老式波音客机倾斜、转弯，低低飞过一座高峰，而古城希巴姆几乎就整个坐落在悬崖长长的阴影中。这是一个神奇的景象。这个城市四面城墙，稳稳坐落于干涸的河床边，河的延伸处是一片不规则的大型田地：其中一些是灌溉良好的绿色田地；另一些则为荒芜褐土，尘土飞扬，只留下曾经肥沃富饶的黯淡记忆。

希巴姆——
沙漠中的曼哈顿

也门是一片迷人的土地。这里的文化和传统让它有别于邻国。作为一个国家而言，它历史较短，但它却拥有一些世界上最古老的记忆。这里可能是示巴女王王国遗址所在地，在众多可能的地点中，很多人甚至推崇之为首选。大约3000年前，示巴女王[1]曾到耶路撒冷拜访所罗门王，并在这趟传奇之旅中向后者展示了她的财富和智慧。这趟旅程的真实情况或许将永远是一个谜，但可以肯定的是，也门拥有一些世界上最古老的城市。虽然古时候这个地区大多数人属于游牧民族，但并不包括那些生活在如今也门地区的人，他们很少迁移，因为这里土壤肥沃，灌溉良好，可供他们种植庄稼、饲养动物，因此他们无需四处游荡以寻找牧场。此外，也门位于海边，横跨古代贸易路线，这条路线闻名于香料贸易，从古时候起，人们就聚集于城市。希巴姆并不是最古老的城市，目前一般认为它源于2500年前，但绝对是当下最卓越的城市之一。它的建筑由晒干的泥砖建成，垒得那么高，远远望去，就像尘土飞扬的平原上升起了一座奇特的海市蜃楼。现在希巴姆通常被称为沙漠中的曼哈顿，倒并非是无缘无故的。

我此行的目的是为了看看这个城市是如何建成、现今它的建筑如何得以维护，以及人们在这里的生活情况。我想见见希巴姆的人们——那些居住于奇特的塔楼里的家庭、那些泥砖制造者、那些建筑工人，以及那些让这个城市成为生活之所的商人们。

去希巴姆之前，我拜访了一位制砖者，当时的场景令人难以置信，且永生难忘。在干涸的河床附近，人们围绕着小棕榈树林制砖，1万多年来，中东地区的人们都是这样制砖。每年河水小涨时，富饶的冲积土堆积在河岸，而那些聚集在棕榈树底部的沉积土却因为在树荫中，无法轻易用于农业，便被收集用于制砖。我看到人们从地面挖起

[1] 示巴女王是公元前非洲东部示巴王国的女王，示巴王国的领土包括今天也门以及红海对面的埃塞俄比亚地区。根据《圣经》旧约《列王纪》上第10章《古兰经》和阿克苏姆国的其他历史资料的记载，她因为仰慕当时以色列国王所罗门的才华与智慧，不惜纡尊降贵，前往以色列向所罗门提亲。——译者

这肥沃的泥土——这河水所赐予的可再生资源——将它与稻草及水混合，平铺于地面，再由成群的工人迅速将其压制成方形瓷砖状的大砖，曝晒3天后，方可使用。据我观察，这一行业里工人的速度是关键，他们肯定是按件计酬的。我问工头他们10人左右的团队一天能制造多少砖，得到的答案是：3000。这工作太辛苦了，从早到晚几乎马不停蹄地苦干，一定令人精疲力尽。

希巴姆
极具雕刻感的建筑

现在，我想看看究竟这种基础材料是如何构筑出八九层高的塔楼的。我希望我可以在眼前的这个城市里找到答案。比起半空中看到的奇特模样，平地望去的希巴姆更令人惊讶。从外表看来，它的建筑惊人地抽象，极具雕刻感，富有现代性。一切似乎都是出于功能性及实用性的考虑，都是为了将基本的土质建筑的潜力发挥得淋漓尽致。这里看起来像是一个超越时代的城市——令人瞩目的未来愿景，对未来之事的梦想。泥制的城墙围绕高原边界而建，这是希巴姆最初的所在地，而如今的希巴姆也依然没有向外界延伸。城市无法跨越这个古老的屏障，因为在城墙之外为较低的地面，那里洪水成灾，而土壤却过于肥沃与珍贵，不能用于城市建设。

从远处望去的
希巴姆市

我从城市唯一的通道进入希巴姆，这个通道拥有一个专供骆驼和商队使用的高大拱门和一个供步行者使用的小拱门。进去后我发现自己身处一个形状毫不规则的空地上，我猜，这儿曾是个市场。现在这儿没有商店，没有以前那种庞大的露天市场，只有几个摊位。好奇怪的地方，一切都是那么安静。老市场老广场的地面以及所有延伸出去的街道小巷都未铺砌，只是铺着压实的沙土。男人们微笑着漫步而过，城里的女人们穿着黑色衣服，裹着面纱，来去匆匆，就像同样也裹着面纱、戴着高冠草帽的贝都因妇女

希巴姆集市的一角

那样。而我身边，一群欢笑的儿童在嬉戏打闹。

四周，成群的山羊在阴影里闲逛。阳光、沙子、山羊与人类的香味，这一切都营造出一种令人眩晕的气氛。这是真正的往日都市的气息、我们先辈的气息——这是生活的气息。这是一个活生生的城市，而不仅仅是历史文物。不过我现在要去赴一个约，我要去见见住在塔楼里的一家人，去了解希巴姆的生活。我探索着，寻找着我的目的地。这些房子都很简单、漂亮，手工非常精细，尤其是那些精心制作的木门，许多木门上都装着大木锁，开锁的也是一把木钥匙，有点像一把大牙刷配上“刷毛”。

希巴姆的
街巷

木雕门
细部

我观察着，渐渐开始理解这个地方的性质。这里的房子只在规模、细节、高度上有着细微差别，本质上都是独立的塔楼，每幢都是属于一个家族或宗族的私人财产。房子象征着权力和地位，同时又具有防守性，每幢房子都能成为一座迷你堡垒：房门牢固结实，较低楼层几乎没有窗户，却有储藏室，在过去，这里会堆满物资使得每幢房子都能独立应对长期围攻。敌人可能是对手家族或外来侵略者，但是，面对如此准备充分、做好防御的塔楼，敌人即使猛烈攻击也很难将其完全占领。

房子的屋龄几乎都无从确认，因为结构非常传统，并且这些泥质建筑需要不断地维修与重建。许多房子的门上标示着日期，但通常只表示最近一次大翻修的日期。希巴姆有几栋房子有历史记录在案，可追溯到约 400 多年前，但大多数房子在近 200 年间被彻底地重建。

我来到目的地附近，见到了我一直寻找的东西——一处建筑工地。是的，从外部看来，它就是一堆易碎的、晒干的砖。和希巴姆所有的泥制房一样，这个房子外观也很

小女孩从
塔楼前跑过

工人攀在梯子上修整房屋的外墙

有特色。它的墙呈锥体，底部比顶部要厚。这很合理，因为房子的墙需要承重，但晒干的砖并不够坚固，它们的耐压强度不够。因此，如果你想盖高楼，墙就得厚，并且底部比顶部更厚些，因为低处的墙要比高处的墙承受更大的重量。这种建筑形式确实是既实用又现代化，并且体现出了材料与施工工艺的性质。我爬上建筑顶部，看到一位砖瓦匠和他的伙伴。他正在迅速地重建顶壁。砖块用绳子吊上来，地中间有一摊泥，即砂浆，这正是制砖的材料。这个做法非常聪明。由于砖和砂浆材料相同，会随天气变化而一同变化，因此也就不太可能开裂。

这些简单、强大、合理的建筑方法给我留下了深刻印象。随后我到了在希巴姆借宿的房子。我按了门铃，没人出来。一会儿，高处一扇花格窗开了，出现一张笑脸——我可以进去了。各种绳索被拉动，门闩就开了。我走进一个院子，让我感到惊讶的是，里面的布局很不同寻常。后来我才明白，希巴姆的塔楼全都遵从几个世纪演变而来的传统规划——出入口通过底下几层的多个储藏室和动物的畜舍加固，其上是一个带天井的内部庭院——空气和光线可以从这里进入房屋中心。有些内院是几家共用的，但这边邻屋已经驳倒，因此内院成了外院。庭院一边是一扇门，我登上楼梯。每层楼都有储藏室，大门紧闭，楼梯绕着结实的墙壁往上延伸。我到了二楼，从这儿开始才是一个真正意义上的家，是第一个有人居住的房间。我脱了鞋走进前厅，主人在那里迎接我。然后是宏伟的主屋，很大，方形的平面布局，很高，长方形的主窗之上开了些矮胖的小窗格。这些窗格是自然通风系统的一部分，非常聪明的设计——屋内热气上升，然后从窗格离开，凉风则从下面的窗户进来。房间中央立着四根方形截面的细长柱子，木质的柱顶看起来像个时髦的公羊角。这些柱子支撑着上面的楼层，使得内部更宽敞、灵活、明亮，而又只需少许内墙承重，这是极富现代性的设计。阳光透过窗板上的格子照进来，光影闪烁，十分柔和。我坐在铺着地毯的地上，靠在窗帘半遮的窗边，这里窗槛相对较低，是为坐于地面而设计的绝佳视角选择的位置。这一切都让这个地方充满美感。

希巴姆的游客
享受传统的也门食物

主人为我沏了薄荷茶，我们开始聊天。他告诉我他的家族在这个房子里世代居住，房子大约已有 250 年历史。他说，他和他的家人很自豪能住在希巴姆——世界上第一个高楼城市。我问他居住在泥制房里以及房子的维护是否有什么问题。他苦笑，是的，很吃力，水是最大的问题，而房子也必须经常维修。我们聊天的时候，更多人来到了周边，靠墙坐着，点头、微笑以对，看着我们。这会儿正是午后三点左右，很多人都嚼着阿拉伯茶叶。很明显，嚼茶叶这种消遣方式很容易让人上瘾，因为我发现一旦开始就很难停止。很快大家都嚼了起来，每个人都往嘴里塞上一些美味的茶叶，直到脸颊鼓起来，像仓鼠那样。为了表示团结，我试了一把，感觉并不是特别差——苦甜参半。

在和朋友们闲坐时，我发现了另外一件事：没有女人在场，甚至根本没有女人出现过。我问为什么，他们说，这是男人的房间，楼上另有一间类似的房间是女人和孩子们的。虽然明知不行，我还是问我是否可以到楼上当面谢谢女主人。“哦，不用，我们在家的时候，她和其他女人都藏起来了。”他们欢迎我参观她们的世界——休息室和厨房——但不能见她们。我上了楼，观察这个类似的圆柱大厅，与楼下相比，大小相仿，但装饰少些。再过去是一些小房间，门都关着，女人们肯定就在里面。接着，我穿过走廊进入厨房，这个地方太棒了，也门食物虽然简单但很美味。羊肉加米饭的菜式，如曼迪、莫德毕和卡布沙[1]

[1] 原文为“mendi,medhby and copsah”，都是阿拉伯菜式名称。——译者

夜色中的
希巴姆

都是众人的最爱，还可配土豆、西红柿和豆子。还有“大鱼”——来自阿拉伯海的金枪鱼。这些美味菜肴都来自这个厨房，厨房的一侧是个砖砌的大烤箱，用来烤面包和羊肉,但一切显得出奇地安静。没有女人。我问主人家锅子、盘子放哪儿。他耸肩讪笑——不知道。显然，烹饪不是男人的事。

太阳开始西沉，是时候到屋顶上喝杯茶了，在那里可以俯瞰整个城墙。又有一些男性客人来了。他们斜倚着墙，嚼阿拉伯茶，闲聊，泡着薄荷茶。我坐在他们中间，喝着茶，味道既甘甜又刺激——傍晚时分来上一杯，正好能帮人补充元气。希巴姆是一个了不起的城市，历史悠久又充满着活力感、真实感，不守旧——这是昔日之梦，一个活生生的梦。我很喜欢这儿。

## 熄灭的梦——
东方州立监狱*（费城，美国）

我到了费城——美国的大熔炉，曾经的首都。从很大程度上来说，这个国家诞生于此。在 18 世纪晚期 19 世纪早期，这是一个极度乐观、富有远见、充满活力和革命理想主义的城市。这个新国家的人们，是将要出现在“新世界”的最激进的人们，从文化与伦理角度讲，他们都与“旧世界”有着千丝万缕的联系，但他们决心建立一种新的、全然不同的生活方式。他们想要一个更加公平公正的社会，一个能够体现《独立宣言》响亮宣言的社会——“人人生而平等”，并被赋予“若干不可剥夺之权利”，包括“生命、自由和追求幸福”的权利。但是，这个新社会的现实

* 原文为Eastern State Penitentiary，也译为“东州教养所”。——译者

今日费城

是，其贸易与经济是从被推翻的帝国主义压迫者处传承而来，这使得他们的理想难以实现——没有公正。在这个新国家中，许多州的繁荣都是建立在奴隶制基础上的，因此奴隶制依然合法。当然，常见的犯罪行为也并未因为政治独立而消失不见。在这片革命土地上，并不是所有居民都一定能被解放，真正得到自由。

不难理解，对于这个新国家第一代领导人来说，废除奴隶制是一个巨大的挑战，因为不少人自己就是奴隶主。显然，如果继续纠缠于奴隶制问题可能分裂甚至毁掉这个国家。不过人们却开始考虑用新的办法来治理罪犯。旧世界的人们习惯采用肉刑、流放和处决等方式，与之相比，人们寻求的新方法不再如此残忍粗暴。新世界的改革者们讨论，监狱能否成为一个改造犯错者而非残酷惩罚他们的地方？能否使罪犯忏悔，认识到自己的错，在道德和精神方面得到救赎并获得重生、重回社会？这是个梦想，而执行与构建这个试验的伟大实验室正是费城，在19世纪最初几十年，这个城市仍被17世纪贵格教会[1]先驱们的非暴力理念所主导。

东方州立监狱开放于1892年。据监狱历史学家诺曼·约翰斯顿描述，这个监狱“不只是当时全国最大最昂贵的建筑之一，而且在建筑风格和运作方面，都是最有影响力的监狱”。我第一眼看到的是一幢高大冰冷的黑石墙，庞大、空洞、令人望而生畏，几乎有些吓人。这个地方透着严峻、冷酷之感。它的高墙既能防止攀爬，又起着心理震慑作用。它提醒着路人—— 一旦做了坏事，你将被关进这样的地方！一切看起来几乎万无一失，但显然，这一切都被遗弃了。我看到一行生锈的金属上爬满了速生植物，无比诡异，弥漫着腐烂的气息。这是个令人忧伤抑郁的地方，那些人带着痛苦与恐惧来到这里，最终没有得到拯救，而是被这个体制打垮，他们的灵魂久久徘徊于此。这个监

[1] 原文Quaker，又称公谊会或者教友派（Religious Society of Friends），是基督教新教的一个派别。——译者

费城东方州立监狱鸟瞰

狱于 1970 年关闭，在废弃了 20 年后成为了一处“受管制的”废墟。1994 年起，这个地方成为一个博物馆，但实际上它是一个警示。它告诉我们理想主义可能会变得无比错乱——无论创立者们的初衷如何，这个乌托邦式的监狱很快就误入歧途。

这幢大楼极具开创性，建筑背景也非常迷人。它的建筑和组织基础是 18 世纪欧洲一些最先进、最人性化的思想家的理论，包括激进启蒙家杰里米·边沁。边沁，1748 年出生于伦敦，哲学家、律师、社会改革者及激进分子，他尤其拥护女性权力，反对奴隶制。边沁也关心监狱改革问题，并于 1791 年公开发表了一系列设计理念及体系想法，以构建一种新型监狱。他所构想的设计为圆形监狱，是一个巨大的圆形建筑，由多层单人牢房组成，各由走廊连接。该建筑修建在一个开放的广场中央，建筑中心置放一个观察塔，可以看到每一间单人牢房。边沁的两个最主要的想法是，囚犯知道他们的行为时刻处于监视之中，但是他们自己无法看到监视者；同时，囚犯处于单人牢房中，与外界隔离开来。

杰里米·边沁肖像

边沁很可能没有看到这种持续性的监视和隔离给罪犯心理造成的可怕后果。确实，直到很多年后，监狱当局才意识到这种方式强大的心理力量，而当他们意识到后，许多人又对其加以滥用。但是对边沁来说，隔离好像仅仅是为了解救囚犯，让他们不受传统集体牢房中罪恶的侵蚀。中世纪修道院的僧侣在小房间内打坐、与上帝神交的概念，是这个监狱设计灵感的来源，单人牢房被看做一种改造人的手段——安宁、平静、远离尘世，在这里，囚犯作为忏悔者，反省他们过去的不良行径，并决意未来要做得更好。

开始设计东方州立监狱的时候，边沁的基本理念已被先进的监狱设计者们信奉多年，但后来却创造出了一种完

费城东方州立监狱
单间牢房

全不同的建筑形式。在 19 世纪 20 年代，当代监狱的最佳形式是涵盖各式各样的监狱区，但通常都是以瞭望塔为核心延伸出中央走廊，或可称馆区，而廊道两侧都是单人牢房。站在这个瞭望台上，警卫可以有一个很好的视野监视整个监狱，以及延伸出去的每条走廊或馆区。这种设计比边沁的更好，因为这种监狱更易管制，功能上更灵活，每个小单元区可分别被封锁、控制，或者在需要时用于其他用途。东方州立监狱之所以具有开创性，并成为这个世界上极其重要的监狱设计者们的楷模，是因为它整合、改进了关于劳役的新理论，并在一个强大且精心设计的建筑内大规模地加以实现。这种新的建筑形式和监狱组织是受到各种影响而融合的结果,后来被称为“宾夕法尼亚系统”。

我走进中央瞭望楼一楼的前厅，这里已是一片废墟，站在这儿我可以看到七条放射状的原监狱区走廊，我还可以通过宽大的镜子看到后来监狱扩建时增加的翼楼的走廊。我一边走一边看向那些单间，都已不同程度地衰败。一些生锈的监狱设备还在原处，油漆已经剥落，只剩破碎的泥灰。这些单人牢房监狱区原本的布局和体制是很反常的，客气地说——几乎有悖常理。一切都是完全隔离的。牢房和走廊之间甚至没有门，只有一个舱口，看守穿着厚袜子为遮掩脚步声，从那里把食物递进去。犯人从一扇小小的铁栅木门进入单人牢房，出去就是放风场地。在被传送到牢房的路上，犯人被强制戴上一个黑色头罩，这样他什么也看不见，看不见警卫也看不见其他犯人，对围墙外的世界也一无所知，而他将在这片围墙内度过整个刑期。没有探视者，除了“德育导师”会来牢房中见他，或是偶尔与管理者面谈之外，无法与任何人接触。

费城东方
州立监狱内景

我走进一间单人牢房。宽 7 英尺（2.1 米），长 12 英尺（3.6 米），桶拱形的石质天花板，修葺得十分完美，就如当初接收囚犯时那样，犯人戴着头套、独自一人，绝无可能逃跑，甚至在接下来的日子中都不能与任何人接触。这里有一张简易床、一张桌子，犯人必须老老实实在那做事；桌上一本《圣经》，仅此而已。犯人将在这儿忏悔，反省自己所做的坏事，祈求原谅，并决意绝不再犯。我坐在床上沉思。即便是现在，在这白色、密闭的空间里，那种幽闭恐惧的感觉几乎无法抵挡，但也不得不承认，这里的物质条件还不错，就 19 世纪 20 年代来说，确实已很先进——每个单人牢房都有一个基本的抽水马桶，由热水集中供暖，从技术上来说，几乎比费城所有的豪宅都要新潮，但从精神上来说，却是极端的摧残。这个牢房最易让人失去方向感，最令人不安的因素之一是缺乏日光和感知。犯人们只能通过拱顶上的一个小孔口看到天空，度测时间的流逝——他们称之为“上帝之眼”。如今看来这是个多么难以理解的机构啊。它的建立是为了改善当时监狱拥挤并充斥着疾病、暴力和腐败的情况，然而讽刺的是，很可能它更加残暴，因为从本质上来说，这个制度是一种严重的精神暴力。如今，单独禁闭被看做是一种极端的惩罚方式，它会迅速地摧毁人类的信心和精神，但是在这里它被视为救赎的手段。如果囚犯反抗（吹口哨或唱歌），他们可能被断食，最长可达一周，但不会像在其他监狱一样被殴打。肉体惩罚并没有被列入宾夕法尼亚系统。我走到外面的小院子里，看到被这 12 英尺高墙框出的那一小块天空。在这个笔筒式的地方，这些被囚禁起来的人被获准一天有两次放风时间——到蓝天下锻炼——这一定是他们每天最幸福的时刻。

费城东方州立监狱
外立面局部

此工程竣工于 1836 年，因为七个监狱区中的四个得到了扩建，能够容纳 450 名犯人而不是原本计划中的 250 人。当然花费也从 10 万美元预算上升到了惊人的 80 万美元。无需说，很多人都震惊于开支的增加，越来越多的观察者也逐渐开始担心宾夕法尼亚系统的本质。禁闭是否弊大于利？犯人真能得到改造吗？最初几十年进入东方州立监狱的犯人，精神一定都已非常脆弱，因此，无论这个体系运营者的初衷如何高尚，这个监狱一定已造成巨大的心理创伤。

监狱早期的一位访客仅凭借直觉就意识到了宾夕法尼亚体系深层次的问题。1842 年，来此参观的查尔斯 · 狄更斯震惊于禁闭的效果，并毫不留情地对其加以谴责。不久后，这个僵硬刻板的隔离体制开始瓦解，一些犯人开始共用牢房。1877 年到 1894 年之间，在原先的七个监狱区之间又另加入了一些监狱区，到 1900 年为止，这个监狱容纳了 1400 名犯人，有时四个人住一间牢房。此时，东方州立监狱提供的劳役监禁模式已遭受到其他大型监狱的挑战——特别是纽约州的奥本监狱和星星监狱。这些监狱体制与宾夕法尼亚系统全然不同。他们用残酷的体罚维持纪律，并让犯人白天一起劳作，由此滋生了恶性的犯罪亚文化、迫害囚犯和囚犯暴动的情况。宾夕法尼亚系统或许存在缺陷，但至少它是一种文明的理念，而其他系统却显然不是。

我穿过败落的监狱。在一片残破中，我探查到一间几乎称得上舒服的牢房，铺着地毯、刷了油漆、摆放着华丽的家具和一架台式收音机。敲诈犯阿尔卡彭曾于 1929 年在这里住了 8 个月，现在的奢华装饰便是仿造当时而建的。然后我走进了19 世纪 30 年代修建的一片两层监狱区。这里真是壮观。楼梯间的铁楼梯有着惊人的高雅和时尚感，是希腊复兴样式，旁边美丽的栏柱上镶着爱奥尼亚式柱头，如同艺术作品展示般一路延伸到二楼的牢房区。这里有着非同寻常的景象：长长的中央走廊，高高的拱形屋顶，庄严的光芒，这一切都营造出一种熟悉的氛围，就像从一座神圣的教堂中殿往下看，气势非凡，但我想它的目的是想对人产生道德层面的影响。

费城东方州立监狱
长长的中央走廊

尽管证据显示，与其他监狱相比，犯人在这里可能不会得到更多的改造，东方州立监狱和宾夕法尼亚系统仍然继续发挥着巨大的影响力。它是美利坚合众国建造的第一座在国际上意义非凡的、有着广泛海外影响力的大楼，并且估计启发了全球至少 300 座监狱的设计。显然，世界各地的监狱机构都被这种模式吸引了，大概是因为它对犯人的精神与身体的掌控力。但它是一个无情的构想，支持这个监狱的设计及相应监禁制度的贵格会教徒和基督教慈善家们必须得好好研习《圣经》,以认识到自身的错误。《创世记》第 2 章第 18 节对此提出了可行且明智的建议，这不逊色于上帝本人的权威发言："耶和华神说，那人独居是不好的。"是的，就是这样。

美丽的不丹

## 用旧时的精华建设最好的现代——廷布（不丹）

飞机下降到一个狭窄的山谷中，我来到了不丹山国的帕罗。这片土地——世界上唯一的独立密宗佛教国家——目前正置身于一场社会文化试验之中。当权者想尝试“控制”时间的复杂壮举。他们想取过去之精华，保留那些带有鲜明民族性的传统，从而打造一个现代乌托邦。当权者不是民主选举出来的——其中包括法令规定的国王吉格梅 · 辛格 · 旺楚克，和一队由国王提名的公务员，他们自己投票产生各部长。这群人有一个重大的任务——创建一个模范社会，这个社会将脱离全球化带来的无灵魂性和冷漠，并且将融合新旧时代的精华。

许多人都梦想着居住在这样一片土地上，但是我想，真正的问题是，不丹的大多数民众是否同意国王与政府如此大胆的设想呢？执政精英的意图令人钦佩（他们特别关注保护这个国家具备视觉冲击力的独特本土建筑），但是他们代表了全民的共识吗？是否不丹只是一个仁慈的独裁国家，其统治者只是将自己的意愿加诸于人民？我想，等到 2008 年这个问题就有答案了，那时不丹将要成为一个民主国家，国民将投票选出执政者，对于他们的生活将有更直接的发言权[1]。我们很快就能知道人们是否真的支持他们的国王的梦想。然而目前，所有事情都是通过专断式行政得以实现的。相关立法强制建设传统建筑，通常是通过示范而非强制施行，而且立法强烈鼓励人们穿戴民族服饰。官方动员将内心强烈的民族自豪感和认同感通过外在

[1] 2008 年 3 月 24 日，不丹迎来首次民主选举，直接选举国民议会议员，4 月在此基础上产生首个民选政府，但国王仍维持较大影响力。——译者

不丹的
民族服饰

表达出来，当然，这也提醒着人们，以往的非民主体制曾经促成的许多的民族自豪感与认同感的举动，实在令人心寒。不丹的少数民族——尤其是过去大量移民至不丹的大部分印度尼泊尔人——已经开始感到被疏远、被管制，这已经超出了乌托邦的建设范围。很明显，这已经形成了一个严重的问题，保护、推广不丹濒于绝灭的民族身份与文化有其不足方面。这也是我来到不丹的原因——来看看这个梦想的实体，来看看试图通过立法保存传统与文化的后果。

不丹原本是一个彻底的封建社会，在物质及精神层面上都基本与外界隔绝。绝大多数人口为自然经济农民，隐居于喜马拉雅峡谷偏僻的村落中，过着完全传统的生活。不丹文化及佛教和中国西藏有许多共同点，文化与贸易联系非常密切。后来，国王吉格梅 · 多吉 · 旺楚克认为这个

帕罗国际机场

国家需要一个新的西式首都，包括政府大楼、法院、国家图书馆，于是廷布就诞生了。

不过不丹唯一的国际机场在帕罗（离廷布两个小时车程），因此我对这个国家的第一印象不是它的首都，而是它的一个主要省级城市。帕罗没有令人失望，甚至是个很有魅力的地方——它不是一个都市，而是一个很大的无序蔓延型城镇。人们在河边聚居，房屋却并不紧凑，一直延伸至农田。空气极为清新，令人身心愉悦。我身处 2750 米高处的喜马拉雅山麓。当我开车穿过镇子和乡村时，一些事情都变得明朗起来。至少在帕罗，传统建筑占主导地位，建筑很漂亮，一些看起来挺新。房子都很大，排列井然有序，被精心地刷上图案，坐落于整洁的花园或田地。格子图案使这一切看起来很像苏格兰高地；有着低矮檐木的房屋赋予这片土地瑞士的感觉。一切看起来都那么富饶。大多数房屋可能都属于农民，他们的生活水平仅为温饱，但房屋绝不是棚屋，且看起来如宝石般精致。这是当今世界上罕见的一种体验。我开车穿过壮观的自然景观，经过几乎崭新的建筑，它们一点都不突兀，而是大自然锦上添花的装饰。

建筑正面，
按传统式样建造

帕罗河谷的
传统不丹房屋

传统的不丹房子是合理建造工艺的美妙结合，设计巧妙并充分利用了各种当地建材。房子通常为 2 ~ 4 层。底楼的材料是捣碎后倒在木模或模壳里的土。泥土干后，抬高模壳，继续往里捣土制模，而墙壁则被内置木梁紧紧地固定在一起，这些木梁同时也承载着楼板。土层之上的楼层是由木头构架的。可以看到这些楼层里的匣式窗框，其面板内镶有竹编，面板上则覆有搅拌了松针的泥浆——包括这个房子的主窗。这些大多都是精美的木工手艺，包括用粗木块装饰的飞檐，可以在窗户上面帮助支撑重量。窗户下面是曲线优美的装饰檐口，它实际上是地板托梁突出的末端。房子顶端的木飞檐精心修饰过。这些全都由三层方形木块结构组成（全都精心雕刻上了具有象征意义的图案），一层一层地往上。如此，既保证了视觉上的美观，原本的功能也得以保留，因为这些方形结构也是支撑顶层天花板的托梁。天花板之上，是这个房子最具装饰性、结构上最壮观、最具雕刻感的元素——屋顶结构，这几乎是一个独立的建筑。屋顶可以有多种不同形式，但基本上都是三角形桁架，并由放置在中央的桁架中柱和支柱加固，而水平拉杆则向外突出，形成围绕全屋的深檐。传统上，这种缓坡屋顶都平铺着木瓦，并用成排的大石头压住以防大风；现在，许多屋顶则覆盖着波纹钢板。这些屋顶结构在房子之上，由支柱或是矮石柱支撑起来，保护着下面的房子。这些屋顶，本身并不透明，对房子来说，实际效果上是“透明”的，所以更像是外在公共世界的一部分。无论里面发生了什么，外面都看得见，尽管有时候人们用彩绘竹席做的遮帘挡住内部。多么精彩！这些房子里看起来作为装饰品的东西，事实上都与建材、建造方法息息相关，或者是功能的体现。刷漆也是如此。捣碎的泥土一般刷白色石灰水，以防止雨淋；而木质装饰也刷一层油漆保护涂层，细节处涂成彩色，一眼就能看到，以揭示或强调它的意义。在佛教里，色彩具有深层的精神意义，如祈祷者的经幡和祈祷围巾的颜色。因此，这些房子使用的所有颜色都是有含义的，

不丹传统建筑屋顶的三角形桁架结构

对于那些懂得不丹房子的人来说，读这些颜色就像阅读一本书。更明显的一个地方是画在外墙上的形象。它们大多都是为了保护居住者免受灾祸，得到祝福。

我开车去不丹西部的普那卡地区，去偏远的盛迦纳镇。一切美得令人难以置信，到处都是壮观的农舍。我开着车，发现房子上的手绘图案开始呈现一种异国情调，大概是从都楚拉附近开始，那是跨过3000米高峰的一个隘口，可以看到皑皑白雪的喜马拉雅山顶峰的壮丽风景。许多房子，通常是前门附近，都画着一个巨大的勃起的正在射精的男性生殖器，非常华丽，连接着一对鼓鼓的睾丸，而且中间的男性生殖器一般都被装饰性的缎带包裹着。我倒不是很惊讶，一些佛教密宗的确都称赞性的力量，目睹高潮所带来的狂喜类似于通过冥想达到极乐。因此，以艺术形式把开悟工具画在房子上，是合乎逻辑的。但我也问了我的不丹导游策旺·仁青，问他是否还有让人更加难忘的图像。是的，他说，在金刚乘佛教里（如此处所称的佛教密宗[1]），图像是为了让邪恶退散，保护家庭——不只是躁动的灵魂，还有疾病和灾荒。我想知道当地人是否会互相赞美彼此门前这强大男性主题的各式各样英勇的艺术表现？他解释说，佛教徒承认，一切正面的事物也包含负面的种子，反之亦然。男性生殖器是为了吸引评论和赞美，随之而来的那一点点消极性则会被图案吸收，不会进入房子或接近居民。

我们接着去首都廷布旅行。对于这个从50多年前的小村庄成长起来的城市，我充满了期待。如今，这里

位于廷布的国家图书馆

[1] 秘密大乘佛教，是大乘佛教的一个支派，公元4世纪时出现在印度。这一系的佛教，在修行方式上而非在教理上有很多不许公开的秘密传授及充满神秘内容的特征，因而又被称为密教；而相对于密教，之前的佛教流派包括其他的大乘佛教、上座部佛教，则被称为显教。它的别名甚多，又称为怛特罗佛教、密宗、秘密教、秘密乘、密乘、金刚乘、真言乘、瑜伽密教、真言宗。——译者

有 6.5 万人口，就首都而言并不多，但不丹总人口仅 70 万。到处都是拔地而起的新建筑，就算不是高楼，但也很大，并且已经不再使用当地传统的建筑材料，而是使用钢筋混凝土或混凝土块。所有的房子都至少有一点零星的传统形式和装饰，但有时不过是令人伤心的薄板饰面，反而凸显了不同文化间的冲突。不过我也注意到一些比较新的建筑、房子和某些享有声望的政府大楼，如国家图书馆，则完完全全是华丽的传统建筑。显然，这是两个不同的世界。

扎西秋宗

我们开车去廷布的中心——扎西秋宗。宗[1]是“要塞”的意思，不丹有很多这样的建筑，但这个是最重要的。就像大多数当地佛寺一样，它既是寺院又是防御要塞，不过这里同时还住着国王、政要、不丹的首席住持[2]；它是政府所在地，也是这个国家所有世俗及宗教事宜得以掌控的权利所在。我走近它——看起来完全是一座巨大的中世纪要塞。高高的白墙,高处才有的窗,墙内立着一个高塔（叫做“优提瑟”），塔里有很多重要的神殿，但和中世纪城堡主楼一样，它也可作为内部堡垒。我们获许进去一个小时左右——这是少有的特权，我经过警卫，穿过一扇坚固的大门，登上里面的楼梯，走进一个大院子。院子太棒了，右边是寺院建筑（从其屋檐下明显的红色横条纹可以看出），左边是一处独立式佛堂，再过去是另一个院子，院子外围则是国王和内阁的住宿之处。这个宗是个很棒的地方，呈现着传统的形式和功能，集中体现了不丹的精神和

[1] 原文 zong，维基上为 Dzong，是不丹国僧院或佛寺的特定称呼，而且通常设防坚固。——译者

[2] 原文 chief abbot，一般指代基督教或佛教中职务，仅译为“首席住持”。原称 Je Khenpo，或 Dharma Raja，可译为“堪布王”或“佛法之王”相对合理；Khenpo（堪布），藏传佛教称谓，意为“佛学博士”，其角色类似于汉传佛教中的住持。也有称之为“法王”，但无从查证。——译者

传统不丹房屋的
建筑细节

愿望。政府所在地能呈现出这般模样实在太令人惊叹——而当你意识到这些建筑都未超过 50 年时，就更觉得了不起了。18 世纪 70 年代，这里就曾有座宗，但却在火灾和地震中遭受破坏。1962 年国王吉格梅 · 多尔吉决定重建佛寺，创造一个国家精神、行政的中心。这是一个大胆的决定，宣告 : 他们的未来必然将主要建立在过去的基础上，对此，他充满了信心。而事情的真相是，通过现代化建设和学习西方来拯救国家的计划，已经开始步入歧途。不出所料，旧时的价值观和传统立即开始遭到抨击和侵袭，也正是由于当局企图平衡新旧两股力量，如今不丹才能如此迷人。

在廷布闲逛，便很容易看到问题所在。很多建于 20 世纪 70 年代的混凝土建筑都非常糟糕，毫无特色，与不丹的文化也毫无关系。这样的建筑物、越来越有影响力的国外观念、越来越多的外国人，都鞭策着不丹新国王[1]采取措施。1972 年他继承王位时，正处于文化危机时期，因此他必须迅速采取行动，否则他们将丧失一切。国王决定：不丹将不再试图跟上西方世界的经济节奏，但仍要紧紧依附于西方利益圈中。新政策与国民生产总值无关，但却是为了追求国民幸福总值。这并不是说不丹的经济是停滞的：通过向印度出售水电力、水果及蔬菜，不丹的收入也比较可观。

不丹的重点不再是全球贸易，而是明显转移到保存民族文化和原始质朴的环境上来。国王最初采取强制执行（或至少是积极调控）为主，鼓励为辅的方式。直到 20 世纪 80 年代初，不丹开始走上新的轨迹。卫星天线被拆除，不丹人不再观看电视，以防引入太多有害的外来观念，国王颁布皇家法令，声明国民应该穿戴民族服饰，并且所有的新建筑（无论加油站还是办公大楼）必须采用传统式样。

近年来事情有些缓和，比如 1999 年电视重新开放，因为国王认为，总的来说，电视可以增加国民幸福总值。我走在廷布街头，感受着城市的氛围。每个跟我说话的人

[1] 新国王指吉格梅·辛格·旺楚克。——译者

位于帕罗的
传统不丹房屋和民居

都支持国王和他的目标，人们有着压倒一切的共识，即赞同保护这片土地的文化传统和环境。确实，有很多值得他们高兴的事。医疗保健和教育体系良好，最大的国家收入来源——向印度出售的水电力对环境的破坏很微小；同时旅游业也更加繁荣。

在我看来，国王的意图值得尊敬，也令人钦佩。当然，也存在着问题，在新功能上强加旧形式，各种怪异的建筑物由此而生，传统装饰也沦为尴尬的虚饰物。但是这些问题都能得以解决，而所有一切，似乎提高了国民幸福总值。

阿斯塔纳全景

## 21世纪的首都——
### 阿斯塔纳（哈萨克斯坦）

凌晨1点25分时，我们到达了阿斯塔纳机场，这里是哈萨克斯坦的新首都。这真是一次漫长而缓慢的飞行，我们都累了。正我走向护照管制窗口时，看到两个高挑美丽的女人正细看着抵达人群。她们穿着长礼服、彩色工装外套，头戴锥形的裘皮帽，帽顶镶着羽毛，并各持一束玫瑰花。她们显然正等着迎接什么人。早上这个时间，会是谁呢？我们四目相接，她们笑了——是我！欢迎来到阿斯塔纳，一个非凡男人的梦想，地球上最奇特的城市之一。

苏联解体后，哈萨克斯坦也随之于1991年12月独立。这个国家此前从未独立过，它虽然和印度一般大，与西欧各国面积总和相当，却只有 1500 万人口。它是世界上最大的国家之一，也是最空旷的国家之一，因为大部分土地是干草原——横跨中亚的广袤的半干旱平原。照传统，这里是带有蒙古血统的、散居的、游牧民族的家。1991 年掌权担任总统的那个男人正是曾在苏联时期掌权的努尔苏丹 · 纳扎尔巴耶夫。哈萨克斯坦是世界上最大石油产国之一，据预测，至 2015 年它将成为世界上全球五大石油输出国之一。哈萨克斯坦目前正积极地向国际商业界展示：投资哈萨克斯坦是一笔安全、有益的好生意。哈萨克斯坦是一个伊斯兰国家，但纳扎尔巴耶夫把它当做一个非宗教国家来管理，不允许极端主义出现。毋庸置疑，尽管该国存在着一些令人忧心的情况，宗教态度这一点却使西方国家非常满意，他们一直担心该地伊斯兰激进组织发起的恐怖活动会愈演愈烈。

我们在夜色中前进，我终于看到了阿斯塔纳，它其实是建于 21 世纪的第一个首都城市。1997 年之前，哈萨

阿斯塔纳夜景

克斯坦的首都一直都是老城阿拉木图，后者位于更适宜居住的南部，靠近中国边界。但是，随着石油收入开始滚滚而来，很明显，一些外国人愿意为这个国家的未来投资，纳扎尔巴耶夫便决意为这个新的国家建造一个新的首都。他将地址定在一个苏联时期的小城市，并马不停蹄地大规模扩建。这个新首都叫阿斯塔纳，在哈萨克语里表示“首都”，它将成为这个国家的心脏与灵魂，并赋予这个国家自豪感与认同感——首都地的诞生及其建筑形式也必然与纳扎尔巴耶夫的统治有所关联。这个城市的建设在很大程度上出于纳扎尔巴耶夫的展望。建筑师、规划师都由他指定，而总统说过的一句话被记录了下来：“这是我的城市，我的创造。”不过现在这座城市最大的特点却是积雪和寒冷。它位于偏远的草原上、极其寒冷的地方，事实上，在隆冬时节，这里冷得令人难以想象。阿斯塔纳在邻国蒙古的首都乌兰巴托之后，成为世界上第二冷的首都城市。1997 年 12 月当哈萨克斯坦政府宣布将首都迁移到这样一个荒凉的地方时，全世界倒吸一口冷气，斥之为“离奇”“奢侈”和“神秘”。自那以后，这里发生了巨大的变化，每年大约有 20 亿美元的公共及私人资金注入这个城市。而我想去看的，就是这 10 年的花费所换来的结果。

阿斯塔纳
中央大道

早上第一个约会是见一位城市建筑师，他有着这个城市的大型模型，这样我就能够看到并了解纳扎尔巴耶夫愿景的广度和深度。模型真的很大，但并不令人震惊，因为一切都在意料之中。与过去大多数皇家城市设计——施佩尔的柏林、勒琴斯的新德里和齐奥塞斯库的布加勒斯特一样，阿斯塔纳围绕着一条巨大笔直的中央大道进行布局。这条大道两边都有八个车道，中间是宽阔的中央岛。大道两旁是政府和商业建筑，许多建筑都是光辉夺目、如雕塑般孑然耸立着。与这条中心轴线平行的是小一些的道路，两旁列着相对较小的建筑，如旅馆之类的。再往外是街道网，也有着一些较小的建筑，可能还有些住房。在这条 3 公里长的中央大道的两端，分布着这个城市主要的公共建筑及仪式场所，也包括全新的总统府。这一切都由日本著名建筑师黑川纪章设计，他在 1998 年年底的新城总规划竞争中获胜。关于建筑本身，我询问是否有什么建筑原则依据使得这个城市设计最终成为新国家“象征”？有什么是从这里开始的？是谁设计了这些？答案是：所有付钱的人。大多数建筑都由外国投资者完成，大多由开发公司负责，而不是顶尖建筑师。但是，建筑师补充道，所有的设计必须得到中央委员会的同意。天啊。他又笑了——如果你现在写张支票，你就可以有一块地，盖一幢楼。我觉得他并不完全是在开玩笑。

不过不是所有建筑都由开发商大量炮制——中央轴两端的建筑就是例外。一端是一座巨大的“帐篷”状建筑物，我假设其灵感是来自游牧草原居民的传统之家——蒙古

阿斯塔纳中央大道旁的人工湖

包。在另一端，则坐落着圆顶总统府和巨大的人工湖，再远一些，有一个超越一切的巨大的金字塔。担任“帐篷”和金字塔的设计师的是全世界一流的建筑事务所之一——以伦敦为基地的福斯特建筑事务所。

我们离开模型，从中央大道一端走向另一端，从西向东。我能远远看到球顶的塔楼，后面则是总统府的穹顶。这条大街是向东的，现在我才明白它的象征意义——每一天，太阳自总统府后面升起，光芒沿路铺洒，将这个城市从沉睡中唤醒。我开始更加理解纳扎尔巴耶夫了，而且，即使我身边的大多数建筑十分沉闷，看到一个新首都城市在我眼前苏醒，仍然是一件令人惊喜的事。很快我们就到了我在远处看到的那个塔楼。据说是新首都的心脏，代表着这个城市，结合它的尖顶则代表生命之树，哈萨克族称之为巴伊杰列克。塔楼顶上的金色球体与哈萨克族神话萨姆鲁克鸟的传说有关。每年春天它都产下一个金蛋，显然，这代表着带来夏日的太阳，而每年又都会被冬与夜之龙吞噬。我们爬到 97 米塔楼顶上，去看这个球体的内部。在那里，我们可以看到多彩的城市全貌（或者更确切地说，是看到下面的建筑），然后我们爬上一个中央平台。在这之上有一个基架支撑着一块实心黄金，黄金上被切挖出一只大手的压印——据说是总统的手印。同伴力劝我把手放在他的手印里，接着，便响起一阵激情澎湃的音乐。这是什么？我的迷人导游——一位帅气的哈萨克姑娘露出喜悦的微笑。这当然是国歌。

阿斯塔纳
中央大道上的塔楼

下去之后，我们又继续我们的旅程。在前方，被一对覆盖着铜色玻璃塔楼框出来的，看上去空荡荡的——就是总统府。从建筑上说，它的弧形、外凸的立视图和隐含的经典细节，使它看起来就像有点疯狂夸张的山寨版白宫。但是这个建筑可不是搞笑的。它坐落在这个新城的统帅位置，仿佛在观察着、主导着一切。它是对权力的表现，却令人失望——庞大、丑陋、咄咄逼人、无所不在。我们从

阿斯塔纳总统府

旁快速走过，过桥，第一次近距离地观赏金字塔。它看起来很惊人——一个并非由沙子而是雪和冰围绕着的金字塔。这个金字塔——其形制被纳扎尔巴耶夫尊为所有宗教信仰的符号表征——于 2004 年 7 月投入使用，并被称为和平和谐宫[1]。总统打算时不时地在里面主持全世界所有宗教的领导人的会议[2]。不错的想法，也有助于让阿斯塔纳为世人所知。我走得越近越发现这个金字塔与古代世界毫无关系——而是一座 21 世纪的金字塔。它使用现代材料（玻璃和钢铁）建成，是当代工程建设的一个高雅的例证。它的形状也不同——埃及金字塔有浅斜坡的侧边[3]，但这个金字塔的侧边很陡。它宽 62 米，顶点离地面 62 米，因此它的体积刚好可以纳入一个正方体。埃及金字塔是一

❶ 也译为“和平与和解的宫殿”。——译者

❷ 即世界宗教领袖大会。——译者

❸ 锥面较缓，浅浅的斜坡。——译者

阿斯塔纳金字塔

阿斯塔纳金字塔内部

个神秘之物，而我也很想知道这个现代金字塔承载着什么秘密。我走到里面，这里一片漆黑，又走到一个很大的开阔空间，就像从光明进入黑暗又回到光明。这是一个令人印象深刻的剧院建筑。我觉得这段旅程具有象征意义——从夜晚到白天，从冬到夏。为了了解更多，我下到金字塔内部深处,发现自己站在一个很大的地下歌剧院中。当然，地下歌剧院意味着你终于成功到达了阿斯塔纳，至少在文化上是这样。这是对阿斯塔纳来说最重要的地方之一。我正凝视着观众席（最多能容纳 1500 人），它突然变得生动起来。我们惊呆了，整个剧团（100 多位艺术家）迅速到位开始。盛装的歌手们定位于舞台，突然放声高歌，而此时乐团在后排为之伴奏，充满激情与喜悦。

阿斯塔纳地下歌剧院

我坐着听，发现剧院天花板上装着一个大圆盘，圆盘上由中间往外辐射出细三角，看起来就像一个太阳——又是太阳，这明显是这片银装素裹的寒冷土地最爱的主题。歌手一唱完，我就沿着楼梯往上，一直到金字塔的顶点。楼梯环绕向上，通过入口大厅上方，伸往歌剧院楼上，那是一个尽量简洁的、渐渐减小的梦幻空间，地面中间有一块凸出，正好是楼下歌剧院天花板上那个太阳的背面。我过去细细地查看，看到辐射状细三角彼此之间的空隙都是一块块玻璃片，透过玻璃我能窥视到楼下的歌剧院。我站在（圆盘上的）太阳中心，抬头往上看，看到金字塔的顶端。上面全装了玻璃，光线弥漫进来，照亮了金字塔顶层的圆形廊台[1]。在阳光下，环形楼层闪闪发光——又一个太阳的形象。我沿着楼梯和坡道继续往上走，蜿蜒绕进一个内部花园，终于到达圆形廊台，这里四面环绕着硕大的窗户，窗户上装饰着和平鸽的形象。房间十分明亮，沐浴着穿过有色玻璃的光线，这就是总统举行会议的地方。我四处走动，这令人窒息的美景让我感到晕眩。现在我明白纳扎尔巴耶夫建造这栋楼背后的想法了，也理解阿斯塔纳到处可见的太阳的形象了。在这空中楼阁中，总统——散发着能量的哈萨克斯坦现代太阳神——得以审视他的创作、他的城市、他的梦想。站在金字塔里，我看到太阳西下，没入中央大道远远的另一端。是的，即使是天空中的太阳，似乎也围绕阿斯塔纳——这个金字塔而转。

[1] 这里也被称为最高层圆桌会议厅。（中驻哈大使馆官网）
——译者

阿斯塔纳金字塔内部的会议室

这次旅程终结于蒙古包内的一场盛宴，不过在此之前我们还看了一场古代哈萨克族的运动。它们都与游牧生活相关：两队专业骑手骑马争夺一只死羊的尸骨；男孩追着女孩索吻，女孩们再追打着男孩——非常有趣。然后，人们再模仿传统哈萨克婚礼，所有人都穿上游牧民族的服饰后，就开始吃喝了。我猜，哈萨克斯坦是世界上唯一将马肉作为国菜，并引以为傲的国家。马肉很嫩，很新鲜——确切地说，很美味。然后我们畅饮乳酒——轻微发酵的酸味的马奶，最后是祝酒词，每段祝酒词后都豪饮特级伏特

阿斯塔纳市区中心

加。这最后的聚会揭示了一切——哈萨克正在铸造一个新的国家，但他们的自豪感与认同感仍然源自于游牧民族的过往与传统。我们坐着，聊天，饮酒，而远处，现代化高楼耸立，很明显，令人痛心的事情已经发生：古代高贵的、游牧民族的哈萨克族灵魂正在被笨拙地重新包装，被迫成为一个较为平淡的、现代的国际城市。现在预言阿斯塔纳将成为什么类型的城市仍为时过早——一个单纯的政府行政中心，或是不止于此？可以肯定的是，阿斯塔纳面临的任务是艰巨的——一个尚未找到自己身份的城市，却要为这个新兴的国家创造一份认同。

# 仙境
# Paradise

## 悬于天地之间的庙宇——
悬空寺（山西，中国）

山西省位于中国大陆腹心之地。我到达的这个小县城叫做浑源县，四周满是拆迁和重建中的房屋。不仅极具魅力的传统房屋就在我的眼前被摧毁，甚至是相对现代的钢筋水泥也被推倒。新的城市愿景中并没有为它们保留一席之地。这个小县城或许是挣扎在城市化进程中，但这里看起来不太协调、令人担忧、还有一点守旧。这里，煤矿业支持着小县城的一切，我甚至能在空气中闻到它。人们以劳碌的神态背着一筐筐的煤炭走过大街小巷，庭院中的煤炭也堆得像一座座小山。这种煤矿小镇在 19 世纪是鲜见的。煤炭为中国的工业发展和经济进程提供了其所需要的

衡山美景

廉价能源,但这种快速发展却是以环境的严重恶化为代价。

正因为山西土质肥沃,中国大部分煤炭都来自于这里。而山西也是一个神圣的地方,中国大多数圣地都在山西,而这片土地本身就有一种灵气。这里是衡山——中国的神圣山脉之一所在的地方。衡山,一个宁静与美丽的地方,千百年来,吸引了无数的修行者[1]与寺庙建造者们。这是一个人间仙境,但是,我好奇的是,这片神圣的土地能否经受住现代工业时期的磨难?

浑源县处在一片开阔的平原上,笼罩在群山的庇护之中——其中包括衡山,山中筑有大量佛教、道教寺庙。可惜的是,在20世纪60年代的"文化大革命"中,大多数寺庙都被关闭、破坏、甚至被摧毁。但在过去的20多年中,中国开始重新接受国内多样化的宗教信仰与其文化,这些寺庙被重新修建,修行者们也都回到了寺庙中。我所参观的一个特别的寺院,它的历史至少可以追溯到1500

[1] 原文monk,目前寺中处于"佛、道、儒"三教共容、僧人居住的状态,原文部分内容出现僧、道混合的情况,所以部分译文在不适用"僧侣们"一词的位置用"修行者"替换。——译者

山西大同浑源县
悬空寺

年前，并且很大程度上幸免于“红卫兵”的攻击。我驱车行驶在一条狭窄蜿蜒的山路上，这里挤满了运煤的货车，它们都在煤炭的重压下缓缓前进。这座庙宇被称为悬空寺—— 一座悬在空中的寺庙。它之所以被称为悬空，是因为它悬于峭壁一侧——或者说是从峭壁中突出，似乎是

悬空寺
——一座悬在空中的寺庙

在挑战地心引力。最初，它是一座佛教寺庙，然而渐渐地，也纳入了道教圣地。它是两个古老宗教长期以来和谐共处的标志，而现在，它再次成为中国宗教景观中的圣地。

道教是一个令人心驰神往的古老宗教，其看待自然的独特视角与敏锐理解能使现代社会受益匪浅。道的意思是“路”，它的核心信仰是人类作为大自然的产物与力量，必须与其和谐相处，将自然作为一个楷模去学习，而不是去对抗。道士们努力地遵循着“无为”的法则——顺应自然的规律与变化——观察自然的自我运作，正如我们无需做任何事就可以呼吸和心跳。道学指出自然充满启发性与惊喜，柔可为刚，刚可为柔。正如道教始祖老子提出的“水，天下之至柔，驰骋天下之至坚”。的确，你可以把刀插入水中，而水却可以穿过最坚硬的岩石塑造峡谷，重塑整个大陆，虽缓慢却不屈不挠。大约 2500 年前，道教源起于

福建泉州老子像

❶ 典故应出自《道德经》中"我有三宝，持而保之；一曰慈，二曰俭，三曰不敢为天下先"。
——译者

中国——几乎同时，佛教出现在北印度——与传统宗教组织不同，道教并没有一个宗教结构，只提供了心理与哲学的见解。道教信徒们通过冥想、仪式与练习努力培养着他们的"气"——他们所固有的一种能量——并与自然融为一体，同时，他们培养出道教三宝：慈悲、节俭与谦虚❶。这三宝正是一千多年以来那座寺庙里的一小群修行者所追求的目标——而现在我正要前往这座寺庙。

道教的阴阳八卦图

狭窄的小路盘旋在群山之间，山间的这片宁静和谐的空间让道士们敬畏无比。群山，特别是我眼前的高高耸立的这一片，是道教神灵的领地，是物质形态中的自然与宇宙之力。山是道教哲学与神学的关键。道教认为，世界——造物——是"阴"与"阳"的二元对立面。其图形是耳熟能详的——一对抽象的黑白形状，如同蛇形鱼一般的弯曲并互相扣在一个圆中。黑白部分各自拥有一颗与其反色的眼，凸显其虽然相对却相互包容。阴阳标志代表着万物的本质——夜与日、消极与积极、男性与女性——而这座山蕴含着一切。没有哪座山仅只有一面，它必然会有阴凉的北面为"阴面"，以及洒满阳光的南面为"阳面"。这论证了，对立面是互相依存、相互界定的。

道教圣地河南洛阳老君山金顶

道路盘旋至一个角落，随后我看到了这座寺庙。它悬挂于空中，高于悬崖底面50米，徘徊于天与地之间。我看到寺庙之

下有一汪宁静的水面，不远处有一个正在修建的水坝，我猜以前这片水面一定更具活力。虽然这片地方遭到破坏，但仍然可以轻易地领会到为什么道士们会被吸引来这里。山崖面朝衡山，这是一片神圣的地方，在这里，大自然展示了自然之力的强大与壮丽。

当抬头望向这个寺庙时，我想到的第一件事情是，在战乱年代这座寺庙一定是一个极好的避难之处：它高高地悬于水面之上，可以免于洪水灾害和突袭；同时悬在建筑之上的岩石,也保护这座建筑免受恶劣天气和落石的袭击。而另一件显而易见的事情是，这座建筑从来不是一个偏僻的地方，而过去的情况比现在还要好，因为它邻近山口，山门下的小路也曾是中国商路的一部分。我猜想，云游经过的僧侣们将佛教带到了这里；道士们则在这里静默、坐禅，而来自亚洲各地的商队在他们的下方开辟出了商路。

悬空寺近景

我穿过小河走向寺庙，此时，它更像是漂浮在我头顶上，我能理解为什么这座设计大胆的建筑能够在千百年来使不断的参观者们感到惊讶了。它看起来更像是神灵的创作,它顺着山势而建，与其融为一体。当然了，重点就在于山与寺庙的结合。这是一座仙境，在这里人工建筑与自然天人合一。寺庙由一系列极具装饰性的长廊、楼阁所组成，大小不一、高低不同，由精致的木栈道和搭建在崖面裂缝处的平台

所连接。主建筑，是轻质的木质结构，大部分都在明朝（大约 16 世纪）期间进行了翻修利用悬臂原理，架在一系列插进开凿好的石孔里的横梁之上。这些横梁承托了这座建筑的主要重量，但是我注意到在平坦的裂缝处伫立着一些粗壮的立柱，它们提供了额外的承重能力。这是多么复杂精致令人着迷的结构啊！所有的构建与细节都环环相扣，看似具有装饰感，还执行着结构方面的作用。楼阁的那些镂空的槛墙、隔扇和直棂窗设计很大程度上减小了寺庙承受的风力，而同时精致的走道也提高了建筑本身的结构强度，提供了横向稳定性。

突然间我明白了，这整个构造是道教原理的一个阐释。所有都应顺应自然，利用自然优势，而非与之相悖。在这里，力量呈现出脆弱的表象，重量不再依靠重力来制衡，结构并不因大规模的垂直支撑而稳定，而是通过应用悬臂式系统，以最优雅、最简单的方式利用自然的结构原理。悬臂系统采用借力的形式，在哺乳动物的骨架以及一些其他的自然形式中都有所体现。支撑着寺庙楼阁的横梁所受的向下压力越大、承受的重量越多，横梁在楔子中就卡得越稳固。

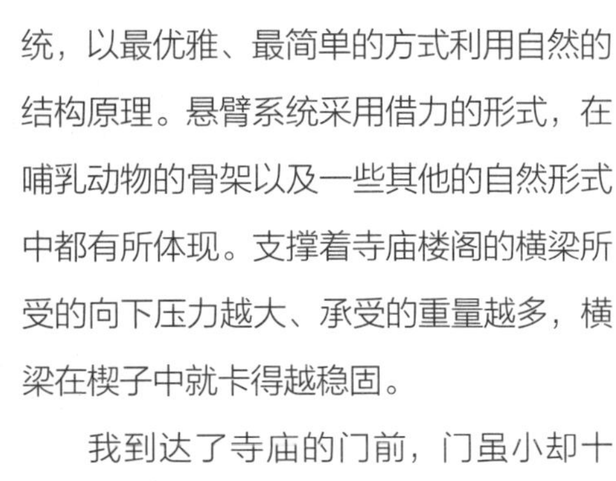

我到达了寺庙的门前，门虽小却十分坚固，镶嵌在坚固的石制入口处，在房檐上刻着两个青铜守护神头像。很显然这道门是用来阻止凡人和灵魂介入的媒介，是通往一个神奇世界的入口，在这个世界中，修行者们可以与“得道”的道长们交流，即那些漫游在星辰中的仙人们。我进入了一个狭窄的庭院，环顾四周，就能明白悬空寺奇特的内部结

悬空寺的构建细节，
兼具装饰感和承重作用

仰视悬空寺

构意义所在了。这里的设计从各种中国传统的寺庙规划中获得灵感，但又从其特殊的自然环境出发，将各处重组得更紧凑。我所处的地方就是这栋寺庙的庭院，右侧是僧侣的祈祷室；上方是主要的礼拜堂；入口之上是一座鼓楼，和与之相对的钟塔。更高的地方是各式各样的微型大厅、修行者居所和神殿。难以置信的是，这座寺庙——寺院——虽然不大，却囊括了一座寺庙应有的一切，它悬挂于崖面并顺势不断往上延伸，直至天堂。我从来没有见过这样独一无二的寺庙，它小巧无比、却细节精致，各个楼阁与联结的廊桥都如同漂浮于空中，当我漫步期间时，感觉自己像个巨人一般，又像在这个神圣的山谷中翱翔。

我走进一间修行者的寝间，房间很小，一端有一个高高的平台（土炕）。早晚不同时间，修行者们会在这里睡觉、打坐，静默、凝视对面那座神圣的山峰。平台下是一

岩石表面覆盖的
朱砂

个小火灶，所以房间每个角落都会非常温暖。平台旁是一个小神龛，里面有几个神仙的塑像。这些神仙形象都长得非常奇怪，身体像冰一般光滑、皮肤像雪一样白，还带有一些很奇怪的特征，比如方形的瞳孔和长长的耳朵。我凝视着一个塑像，这个神仙应担当着居住寝室的修行者们的引导者，他会帮助他们度过苦难、升华他们的灵魂、从而免于俗世的生死循环、觉悟自然潜能以得道。这样的精神磨炼，在这个房间里，包括了修行者们冥想、吐纳、严格饮食、还有练习道术。而当这些修行者在寻求物质、灵魂的升华，法术也会经历从粗糙的、实体的到精致的、精神的变化[1]，也会用到一些奇怪的东西，尤其是朱砂，那是一种水银、硫黄、金和铅的混合物。这一切都是为了在这尘世的肉体中修炼出“圣胎”[2]，一个灵魂的、得道的元神魂体将由此而生。如果在这个过程是“尸解”，那么你给自己下毒也没关系，它是肉体死亡、精神得道，遗世而升天。

我离开了寝室，沿着走廊前行，然后仔细审视着那些长长的、纤细的立柱中的一根，它们看似为整个建筑提供了额外的支撑力，我轻轻一推，它就摇摇欲坠。正如我所

❶ 可能是指代道教从修炼丹术、符箓之类外在术法的外丹术发展到用修炼精气神等练气术法的内丹术。——译者

❷ 原文 embryo of immortality，应该是源于道教的内丹术术语，如金丹、元婴。出处在于老子对得道状态的解释“常德不离，复归于婴儿”，以及道教借用佛教经书《楞严经》的名词“长养圣胎”。得了道的境界，随时在定中成长、培养，一个凡人变成圣人境界，叫做长养圣胎。——译者

想的，这些立柱对于建筑本身的结构并没有任何支撑作用，只是纯粹的装饰品，让那些质疑的人放心。我进入了一个大厅，看到三个分别掌管水域、天境、大地的道教神仙[1]。我想这些正反映了这片圣地的实质——寺庙漂浮于天境，大地是寺庙悬挂的山崖，水域是寺庙下方的河流。然而，大厅，和其他神殿一样，出奇地安静，而我为这个寺庙感到一种挥之不去的悲伤。纵然这建筑体得以幸存，其功能

[1] 这里应该是指三官大帝，属于早期道教尊奉的三位天神。尧舜禹，指天官、地官和水官。

——译者

悬空寺屹立于半山腰，沿途崎岖

早已荡然无存。偶尔少许信徒会出现在这里，却不会再有修行者了。它真正作为一座寺庙的日子似乎已经结束了。

是时候继续攀爬这座圣山了。当我往上走时，我看到许多安置于山中的裂隙中或是矗立于高原上的寺庙与窟龛。其中多数都明显是在近几年重建或重修过，并有修行者居住着。寺庙的重生呈现出戏剧化的命运逆转，就好像是一个简明的道教训诫。我一定要找一个道士谈谈，试着去了解更多的关于这些寺庙最近的历史和群山神圣的力量。我来到山顶的一座寺庙。建筑的外墙有着一个巨大的

阴阳的标志，钟与鼓则被放置在中庭两侧的塔中。我看到在我面前有一座神殿，一个修行者正在里面打坐。这座寺庙显然还在使用中。当这个修行者——一个瘦小的老人——离开神殿时，他带着极大的热情与善意，答应来跟我谈话。他说，他叫郭志丹，这座寺庙曾摧毁于“文化大革命”时期，最近才被重建，寺庙名为九天宫，是以庙中供奉的神明九天玄女娘娘命名的。我问他什么是道教最终的追求。他以一个些许超然的神态解释道，是摆脱人性的劣根与贪婪。他又补充说到修炼心、神、气的重要性——能延年益寿，并且最终能够达到一个与天地日月完美和谐的生活状态。我又问及住在圣山这样一个高处，他是否觉得离神明更近了一步？修行者目不转睛地看着我，又含蓄的微笑并告诉了我一个秘密，是的，他说，比你想象中还要接近。

我离开了这座寺庙、凝视着这壮观的景色。的确，它像是神明的国度。我明白了为什么那么多寺庙都建在这些圣山的高处。在这里，你才能容易亲近自然之力，然而一切又是那么淳朴。尽管在山下的世界里，工业与污染仍在蔓延，但在山中却弥漫着一股自然的力量。仙境没有遗失，它一直保留了下来。

寺庙周边的
壮观景色

基日岛的乡村景色

## 冰雪世界中的基督天堂——
### 主显圣容教堂（基日岛，俄罗斯）

到达圣彼得堡边缘的新火车站已经很晚了，我要去赶一列前往彼得罗扎沃茨克的卧铺火车，那是在卡累利阿共和国以北约 500 公里处。在列车的每扇门前都站着一个守卫，这些守卫穿着长款修身棉衣，戴着皮草高帽，非常有俄罗斯帝制时代的仪式感。不同寻常的是，她们都是女性，而且大多都很年轻、非常美丽，穿着长长的高跟靴子。很显然，这是俄罗斯车站独有的风景线。我上了车，列车准时开动了，突然间月台上和楼道里的那些奇怪蜡像就活了过来，他们喊叫着、打着手势，然后又像幽灵一样全都消失在了无尽的黑暗、迷雾和落雪中。

在俄罗斯，火车旅行显得异常庄严，就像是一种宗教仪式。今晚这种祭祀的气氛非常合宜，因为我们这次旅行也可以说是一次朝圣。我们正在前往被俄罗斯人看作民族精神核心的地方，那里是由来已久的俄国价值观和精神的实质表现，是民族之魂的所在地，是对天堂的诠释。我们将前往位于奥涅加湖中的一片岛屿，那是欧洲的第二大湖——一大片广阔的水域，我们要看的就是岛上那些古老的木制教堂。我听说这些建筑格外的美，是传统工艺的巅峰之作。这片岛屿叫做基日岛，每年到了这个时节——隆冬时分，这里便会被封锁在冰天雪地之中。

冰雪中的冷杉树

彼得罗扎沃茨克是由彼得大帝于18世纪早期建设的一座工业城市。但是它现在看上去像是斯大林时代的社会主义现实主义新村，长长的笔直的街道划分着粗陋的街区，其装饰却是精致的新古典主义风格，极其不协调。我们驾车穿过了一个其貌不扬的大道，然后到达了湖边。这里拥有着惊人的景色：冰冻之后的广阔湖面一片雪白。我们爬上一个气垫船便开始滑行，并被告知：接下来的行程大约需要两个小时的时间，并且取决于天气。我们驾驶着充气的垫子向前疾行，很快就

融入这片纯白的世界中。这里看不见海岸、看不见天空，只有一片雪白。这种感觉，真是让人惶恐。

终于一片林荫的边岸映入了眼帘，然后是一群被积雪覆盖的小房子。忽然间，又出现了一个像巨大冷杉树[1]般的伟岸形体，那就是我们找寻的救世主显圣容的教堂，这座教堂独特的整体外貌格外引人入胜。其深色的建筑剪影与灰色的天空和白雪形成了强烈的对比，层层叠叠的木制洋葱式圆顶排列有致，每个圆顶都有一个十字架。我朝这座教堂塔形的区域走去——这个高约 37 米的建筑是上帝在大地景观中的象征。这片大地，或许在夏天具有迷人的

[1] 原文 fir tree，属于松科常绿乔木，是标准的圣诞树。——译者

造型别致的
主显圣容教堂

圣母代祷教堂与
主显圣容教堂

田园风光，但是在冬天，严酷无比，让人难以忘怀。我嘎吱作响地踏着雪地、走过结冰的湖面、来到了这座教堂面前。我被这栋建筑的雄伟和美妙所征服。在这里，人类的创造与原始的自然融为一体。眼前这些建筑由生长于本岛的树木锻造而成，教堂的设计和建造都因地制宜、顺应自然。我发现，这里的屋顶采用各种倾斜、以最有效的方式防止积雪；并且窗户尺寸都较小，更加绝缘、保暖抗寒。这才是真正的、经典的、有机的建筑。

主显圣容教堂是当地神圣建筑群组的一个部分。这组建筑群，四周环绕以一片矮墙——形成一个原木所制的围场，还含有角楼。围墙里面的一切会受到祝福与庇护、神圣不可侵犯——这是灵魂的庇护所，因为这片土地的上古之神尚未完全消亡。基督教在这里仅仅发展了 800 年，但是很快便占据了基日岛上最古老的圣地，长期以来，这座岛屿都是信奉太阳女神的。矗立于我面前的这座教堂起源于 1714 年，但是在那之前这里曾有过另外一座教堂，为基督教徒守卫着这块圣地。怪不得这里设计得如此坚固，那些围墙都是为了将古老宗教的神灵们排除在外。

我进入了教堂的大门，就像从俗世跨进了圣地。这片奉献之地被称为波戈斯特[1]，在这里灵魂将接受审判。这里就像是专属于俄罗斯的冬日天堂，覆盖着厚实晶莹的冰雪。是的，这里的美正是这样的纯净、这样的质朴。我可以理解为什么基日岛被人看作是一个充满灵性、充满淳朴的地方。这里，一侧是主显圣容教堂，另一侧是一座稍小的教堂——圣母代祷教堂，两座教堂的中间是一座高高的钟塔。这小一点的、安逸舒适的圣母代祷教堂建于1764年，主要在冬季使用，而略微繁琐的主显圣容教堂则是更多用于夏季。

为了能够从不同角度欣赏这座美妙的建筑，我攀登上了钟塔，在顶部，木制尖塔下面是一座平台，成排的钟在这里被奏响[2]。在这些钟的后面矗立着主显圣容教堂。这座建筑的构造相当惊人，不仅是因为它的尺度，还有复杂的设计、材料和构建方式。俄国东正教的圆顶教堂是受到早前基督教建设的拜占庭教堂启发，而他们则是从罗马帝国的新古典主义穹顶获得灵感。所以这个奇特而绝妙的建筑设计事实上是通过伊斯坦布尔圣索菲亚大教堂，从罗马万神殿衍生而来。但是随着我对外观的探寻，这种源头的痕迹越来越明显。从平面上看，教堂由两个相同大小的正方形组成，其中一个正方形倾斜90度，重合在一起便形成了一个八角形——早期基督教堂和清真寺中最喜欢的图形符号。教堂内部便被这两个正方形的角划分成了一个正八边形，这正是教堂设计中最核心的主题。再从八边形的墙面交替往外延伸出一片正方形区域，使得整个教堂平面形成了四边相等的十字架，即希腊十字架。教堂一共有四层楼，并且从下往上每层楼的面积在递减，使得这幢教堂

[1] 原文pogost，历史词汇，俄罗斯古代作为乡村、农村等级的行政单位使用，后因基督教进入俄国各地，随着1775年最后一个pogpst行政单位变更，它便成了教区中心，意为“带教堂的小村庄或社区”，此外，世界遗产中心网将它称为“木结构教堂”“乡村教堂”。——译者

[2] 相对于中国宗教场所的大钟，外国钟楼里的钟都比较小，而且是大小尺寸不等的一组钟，拉绳敲钟，应场合发布不同的钟乐，类似于中国的“编钟”。本文中所描写的钟都悬挂于梁上，所有的绳子都系在中枢位置栏杆上，等待被牵动、奏响。——译者

拥有层层叠叠的、像是金字塔一样的外形轮廓。

而最引人注目的视觉设计是铺设于各个十字架翼部的洋葱圆顶的设置，因为每一层面积都在缩小递减，给了更多节点建造圆顶。实际上包括教堂顶部的大型圆顶、东端祭坛的圆顶和希腊十字架翼部之间高处的四个圆顶在内，这幢教堂拥有至少 22 个圆顶。每个不同的穹顶象征着天堂的不同区域，具有一定的象征意义。其中，顶端的大圆顶以及略微降低的、围在旁边的四个小圆顶是俄罗斯东正教教堂的标准设计，分别代表着上帝和四位传福音者——马太、马可、路加和约翰，他们都是福音书的作者。但是为什么恰恰就是 22 个圆顶呢？在我们沉思的时候，敲钟人出现了。他敲着钟，然后我们开始讨论这个数字的意义。但似乎没有人能够很清楚地说出到底这个数字在最初的设计中意味着什么。最可靠的说法是，22 个圆顶代表着启示录中的 22 个章节——启示录是东正教最重要的天启文献。而敲钟人提到，实际上在这座波戈斯特里面一共有 33 个圆顶的，这恰恰是基督过世的年龄。我假设这一切都合情合理。这座波戈斯特——这个墓地、这个处在世界边缘的冰封天堂——与死亡、审判、新生息息相关。

主显圣容教堂上
极具视觉效果的洋葱圆顶

为了能够看清教堂的木结构构造方法，我从钟塔下来，在风雪中朝着教堂走去。我能看出，这真是一件了不起的艺术作品。建造这座教堂的木匠们技艺非常精湛。松树干被精心挑选出来、再用斧头和扁斧进行精确无比地雕刻，最后，这些树干被紧紧排列在一起，甚至不需要再在内部加入任何接合就已经密不透风了。最神奇之处在于，这些柔软的木桩在这样潮湿的环境中很好的保存了下来，而最主要的原因就在于切割和雕刻的技巧。用锯子切割，会切断树桩的纹理,水会随之渗入从而导致树状变得不够坚固;而用斧头和扁斧，就可以沿着纹路切割，让树桩保留表面防水功能。传统构造就是这么简单、这么神奇。这些树桩被美妙地连接在一起。在一些拐角处，它们整齐地重叠在一起，就像是建造一间小木屋那样，而不是像其他地方一样，在邻近的木段的尾端各自切平齐，用镶榫方式接头。接下来就是色彩了——用自然的色彩，完全不用任何的颜料，只有深红或是灰色的松树以及覆在圆顶上面的银色的山杨木制成的木条和木瓦。这里的建筑有原则、诚实、有道德——这是值得木匠和基督徒骄傲的事。

教堂的木结构
具有独特的自然色彩

奥涅加湖边的
美丽景色

我退后了几步，仰望着整个教堂——它沐浴在冰雪反射的柔光中，像雕塑一般美丽无比。光对于这北方的冰雪之国是相当重要，因为这里一年中大多数时间都被黑暗笼罩。但除了实际用途之外，光也是非常神圣的，就像这座教堂名所表达的那样，《福音书》中基督显圣容的故事与光息息相关。基督和三位门徒爬上了一座山峰，并“就在他们面前变了形象，脸面明亮如日头，衣裳洁白如光”（《马太福音》第 17 章 1~6 节；《马可福音》第 9 章 1~8 节；《路加福音》第 9 章 28~36 节）。这种奇迹正印证了他的神圣，并可以由此确认，他就是上帝之子。对于那些建造这所教堂的人来说，光是上帝赐予的神圣的礼物，是神明以及生命本身的象征，“光照在黑暗里……照亮一切生在世上的人”（《约翰福音》第 1 章 5~9 节）。

但是在这里，所有的光芒就像是被遮蔽了一般，我进入教堂，里面一片漆黑。如今这里正在准备全面修缮，因此室内充满了钢材和木板，将教堂牢牢支撑住。这个项目计划将会在 2014 年教堂 300 周年诞辰时完成，这是完全有可能的——让我们拭目以待[1]。

[1] 该重建项目开始于 2005 年，目前仍在进行中。目前宣告完成部分建筑体的修缮，并且已加强地基底部钢架支撑。2014 年 8 月 19 日，基日岛民都到波戈斯特围场内部参加 300 守护庆典，主要是在圣母代祷教堂里面举行的仪式、露天交响乐队表演和集市，从官网信息中，并未显示和透露主显圣容教堂室内部分的信息，似乎它仍然未对外开放。——译者

为了能够了解这座夏日教堂内部结构，我必须去那座较朴实的冬日教堂，但是首先，我必须先填饱肚子。我们的导游把我们安排到附近一户居民家和一位女士一起吃饭——她现在已经 80 岁左右了，在这个岛上度过了她的大半生。我们来到她这间宽敞的木屋中，窗口处装饰着美丽的古典主义细节，我登上外部的楼梯来到二楼大门——一楼是用来喂养牲畜的地方。老妇人来欢迎我们，她脸色很健康，还带着灿烂的笑容。我坐了下来，被敦促着吃喝，桌上有一个巨大的多层薄饼、俄式茶壶正冒着热气。我切下一小块薄饼——这是用油烤过的，所以底部颜色很深也很有黏性，这是一个难忘的体验——口感丰富、还有馅儿，而且很显然，人们知道如何在这片冰封之地保持身体的温暖和活力。我向她问及关于小岛的事情，它的孤立以及它在俄罗斯精神世界中的地位。“是的，”她说，几乎是带着些许愧疚，“我一直都相信上帝的存在，我一直都爱着这片岛屿。在这里，上帝离我很近，也因为我的丈夫和孩子埋在这里，所以我也一直留在这里。这里确实是一片圣地。”

现在我开始前往圣母代祷教堂，即使这个教堂显得比

主显圣容教堂内部

主显圣容教堂朴素很多，但同样非常精致美丽、由方形的松木原木建成，其东端是一座八边形结构、镶满圆顶的高塔。俄罗斯东正教教堂的设计非常特别，是受到早期拜占庭教堂的启发，而据《旧约》记载，拜占庭教堂则是模仿耶路撒冷的所罗门圣殿。首先，一个外部门廊连着一个内室——被称为圣歇尔盖，或教堂前廊。这里是一个俗世的空间，被用于村民聚会，可作审判法庭。这座建筑不仅仅是人们洗礼、结婚、举行葬礼和神圣节日的地方，同样也见证了许多人们生命中的重要活动。

我穿过前厅来到了中殿。我进入了这个神圣的世界—— 一个开阔的大厅，人们在这里集会、朝拜、举行仪式。我走过另一个门来到了圣坛。在我面前是一扇屏帏，上面覆着一些画像——基督的、圣母玛利亚的、四位福音传道者[1]以及圣徒们的——这些都是圣像。这神圣的屏帏从地面一直延伸到天花板处，被称作圣幛，上面有三扇门，门里面就是圣坛。然而这里面是一个至圣所——圣之所圣、上帝之国度——只有被授予神职的牧师才敢进去。我研究着这些圣像，许多都有着久远的历史、十分美丽。圣幛最中心的位置是审判中的基督、背景是一圈椭圆形光轮——这是一幅神圣的画像，它展现了救世主进入世界的通道。这幅图画取材自《启示录》，里面基督正坐在彩虹上进行审判，四周站着 24 位长老。我数了一下画面上的人数……好像不太够。审判画面的旁边是圣母玛利亚的圣像、灿烂

[1] 原文 Evangelist，首字母大写，特指《圣经》新约《福音书》的作者，也称为四使徒。——译者

圣母代祷教堂内的圣像

夺目，接着我注意到了一幅非常惊人的画面——基督正站在一片星形的亮光中间。这正是基督显示圣容的时刻，显容后的基督旁边飘着两位《旧约》中的先知——摩西和以利亚。

两座教堂前
驶过一艘白色的帆船

我离开了圣母代祷教堂，准备在漫天冰雪中离开基日岛，踏上返程的旅途。当我们在积雪中艰难行进的时候，我停下了脚步回头看了看这两座教堂，它们高耸入浅白色的天空中，却在白雪的映衬下显得格外荒凉、阴沉。我不禁大吃一惊，也开始幻想。这座古老的建筑如今仍保有其在建成之初时那种震慑人心的力量；同样也和250年前一样，这些教堂一直俯视着这片荒凉、原始的土地。两座教堂由它们所处的这片岛屿上的树木建成，与自然浑然一体，然而从某种程度上来讲，在自然的表象之下，它仍然是人类发明和信仰的产物。我想，所有教堂都应该是这样——是物质世界的一部分，却也是通往精神世界的大门，预示着在尘世也可以有天堂。我最后望了一眼基日岛，随着这片冰雪之都上白昼逐渐离去，主显圣容教堂——圣光教堂——它模糊、遥远的轮廓也慢慢消失在了黑暗的霞光中。

## 伊斯兰眼中的人间乐园 *——
苏莱曼尼耶清真寺（伊斯坦布尔，土耳其）

* 原文 paradise，伊斯兰教的天堂，中文里面称为“天园”或“乐园”。在马坚译本的《古兰经》中译为“乐园”。——译者

我沿水路——前往伊斯坦布尔最好的方式——来到了这里，再沿着博斯普鲁斯海峡前行，从传统意义上而言，这道海峡区分开了欧洲与亚洲，随后就进入了宽广而庄严的金角湾峡湾[1]。矗立在我面前的是这座古老城市的中心——它曾是古希腊殖民地，之后成为古罗马城市，当时名为君士坦丁堡，后来成为基督拜占庭帝国的首都。但是在 1453 年，它陷落于围攻伊斯兰奥斯曼土耳其帝国——彼时世界上新兴的大国，而后被其作为战利品重新命名为伊斯坦布尔。这里有着无数世界上罕见的建筑，而我要去参观的正是其中之一——苏莱曼尼耶清真寺，不管从设计

[1] 据说金角是指“羊角”，因为在希腊神话中，羊角是丰收和财富的象征。——译者

博斯普鲁斯海峡

还是细节而言，它都是伊斯兰人眼中的人间乐园。

这座清真寺是以它的缔造者命名的——奥斯曼帝国最伟大的掌权者——立法者苏莱曼[1]，而在奉行基督教的欧洲地区，他被称为苏莱曼大帝。苏莱曼在 1520 年即位登基，并持续统治了 46 年，使得基督徒们胆战心惊，尤其是在欧洲地区的。他引领穆斯林在东征战役中取得胜利，至 16 世纪中叶，奥斯曼土耳其帝国占领了大半个中东地区和北非，开始向西进军欧洲中部。

现在，当我沿着金角湾缓缓航行时，我可以看见这建筑——苏莱曼及其无比成功的统治的伟大象征。这座古老的城市内外共有七座大山，而苏莱曼尼耶清真寺就位于其中一座山上。这景象相当惊人——石制的建筑顶上是宏伟的中央穹顶，四周环绕着各种小型穹顶，建筑一侧则是四

[1] 原文 the Lawmaker，已经作者转译，原称 Kanuni Sultan Süleyman（卡努尼·苏丹·苏莱曼），而“卡努尼”意为“立法者”，因为他在位时完成了对奥斯曼帝国法律体系的改造。——译者

苏莱曼尼耶
清真寺

座尖针状的宣礼塔。这座建筑的权威感以及象征感就不言而喻了。这个惊人穹顶似乎蔑视了自然规则，他代表着苏莱曼——被真主安拉选中的神圣的统治者——掌管着他的帝国。同时，这个带有清真色彩的穹顶也代表着先知穆罕默德，代表着真主——在他的创造中唯一的真主。这个穹顶预示着，这个世界上没有上帝，只有安拉，穆罕默德是他的先知，苏莱曼就是他在世间行使权力的代言人。

我爬上山顶前往苏莱曼尼耶清真寺，到达了一间哈曼（浴室）旁边，上面有一块牌匾写着“苏莱曼尼耶，1550—1557”，这也是清真寺的一部分，记录着这座清真寺的建造时间。在我面前的是一扇门，门后有一条通往一个黑暗穹殿的石阶。我发现自己站在了一个精美装潢的巨大平台上，面前就是这座庄严的清真寺。在我所处街道周围就是各式各样苏莱曼创造的建筑，他要的不仅仅是一个清真寺，他想要缔造的是一个圣城。我走进这些集宗教、教育以及慈善于一体的巨大建筑群中，其中还包括厨房，穷困的朝拜者们可以在这里得到食物。而那座由一对宽阔的、被围墙包围起来的庭院构成的穹顶清真寺可以俯瞰这一切。即使这些建筑大小不一、功用也不同，但从建筑角度而言却十分搭调，设计和建造都非常美观——并不意外，因为所有这些建筑都是由奥斯曼帝国杰出的建筑师希南设计的。在建造苏莱曼尼耶清真寺时，无论是再好的建材和设计都不为过。而这一切都合情合理，因为这是一座纪念碑，它代表了伊斯兰教的胜利，展现了苏莱曼在尘世和精神世界中的权威，同时，它是在伊斯兰教神圣语篇基础上创造出来的人间乐园——是伊甸园的写照。

清真寺的庭院

我沿着清真寺和西边的入口中庭侧边走，那里的石雕作品非常美丽，我驻足欣赏着庭院的一扇侧门。高耸的通道上有一扇牌匾，上面雕刻着极具装饰性的阿拉伯文字。这是《古兰经》第 39 章第 73 节中的内容，“祝你们平安！你们已经纯洁了，所以请你们进去永居吧！”[1]

所以，这个清真寺的意义是非常清晰的——正如墙上所写的那样：这里是乐园。我继续向前走并到达了进入庭院的主门前，轻轻地推动大门，门缓缓地打开了。所以，正如它所承诺的，乐园会为善良的人敞开大门——甚至为那些不那么好的人！我进入了庭院——一个质朴的乐园的建筑景观。我一眼就喜欢上了它！中间被铺筑过，四周是优雅的柱廊，每一个柱子都非常古典、还各自稍有不同。毫无疑问，这是重复利用罗马与拜占庭时期的建筑，柱子

[1] 译文出自马坚译本第39章73节“敬畏主者将一队一队地被邀入乐园，迨他们来到乐园前面的时候，园门开了，管园的天神要对他们说：‘祝你们平安！你们已经纯洁了，所以请你们进去永居吧！’”。——译者

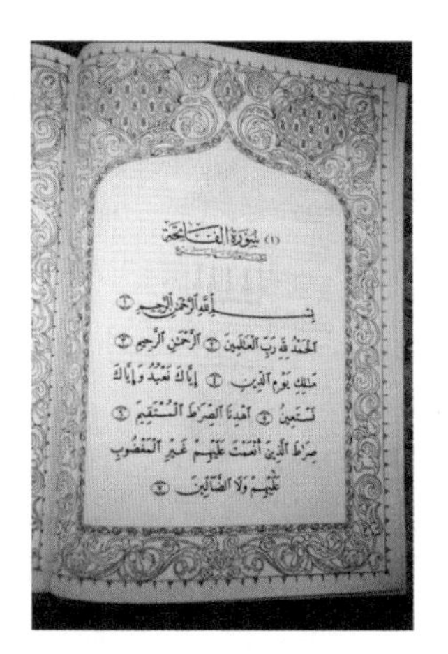
(1) سورة الفاتحة
بسم الله الرحمن الرحيم (1)
الحمد لله رب العالمين (2) الرحمن الرحيم (3)
مالك يوم الدين (4) إياك نعبد وإياك
نستعين (5) اهدنا الصراط المستقيم (6)
صراط الذين أنعمت عليهم غير المغضوب
عليهم ولا الضالين (7)

《古兰经》

为庭院带来了一种有着优良血统的气质与令人愉悦的古老、永恒之感。所有的一切都是这么的简单。这个地方有着一种高度纯净与完美的感觉。墙上有着很多文字，同样，这些都是来自《古兰经》的经文。其中一句是来自第70章，指出只有一心一意朝拜所拜之真主的人能够居住在这里——居住在乐园——并受到赞颂。

《古兰经》多次清楚提到，乐园是一个受河流和泉水灌溉的花园，而这个庭院的中心正是一个四周被包围起来，有屋顶遮盖的泉源。有人说这是穆斯林在进行祈祷之前必须进行的沐浴的场所，但是，这里的泉水不可能用作这一用途，因为它被栅栏拦起来了。不，这泉水一定是富足河——乐园中的富饶之泉在人间的化身。乐园中的河流注入富足河，所有真正的信徒们在审判日喝一口这河水将再也不会感受到饥饿或是口渴，所以，这是永生的源泉。

清真寺内部大厅

壮观的中央穹顶

我进入清真寺宏伟的祈祷大厅。那是一个绝妙的地方，与庭院一样拥有一个大胆简约的风格。内部空间对是立方体与球形的神秘力量的歌颂。巨大的红色花岗岩石柱撑起的两个屏障，和四个石柱一起围合出了一个方形空间，高耸巨大的中央穹顶从中升起，同时，石柱也支撑着穹顶。正方形底部的空间象征了人类世界，而上升的穹顶则展示了天国的景象——拱形的乐园。最初，穹顶屋的内部装饰着玻璃吊灯，意图很明显，在昏暗的夜色中，它能散发出犹如星空般的光芒。四个三角形的穹隅支撑着穹顶，使它能牢牢罩在下面立方体空间的上方，穹隅上点缀着圆形饰物，上面写的话让我更加确认这里是为了展示天国的景象：摘自《古兰经》的第 35 章“创造者”，写着“真主的确维持天地，以免毁灭；如果天地要毁灭，则除真主外，任何人不能维持它。”[1] 这一篇章也向众人展示，那些具有无上的美德，施以善行的人——正如苏莱曼尼耶清真寺附近为贫穷朝圣者准备的炊事人员——“将进入永恒的乐园”以及使居留在“永久的家”[2]。在那里，他们将“毫不辛苦，

❶ 译文引自马坚译本的《古兰经》第 35 章 41 节。——译者

❷ 译文引自《古兰经》第 35 章 33~35 节，私以为此处王静斋译本较马坚译本（“常住的乐园，他们将入其中”以及使居住在“常住的房屋中”）更为合适。——译者

毫不疲倦[1]”。苏莱曼在人间创造了一个属于自己的永恒的家，也许对于他带有宗教性质的明智的善行来说，这份奖励来得过早。我站在中心仔细看着大厅内部，一切都很清楚一致，这是另一层象征，象征着苏莱曼帝国的统一以及唯一的真主。

穹顶之下的中心区域是这个清真寺最敏感的精神区域，同时讲述着更多关于苏莱曼的事情。这个立方体空间，由巨大的柱墩和红色花岗岩圆柱围合出来，与麦加的克尔白[2]——存放伊斯兰教黑色圣石的立方式神龛——形成了强烈对比。看起来，苏莱曼——这位哈里发[3]，或是逊尼派穆斯林的精神领袖——在告诉我们他的清真寺不仅仅是一个乐园，同样也是一个新的麦加圣地，是伊斯兰教信仰的中心。这太大胆太让人难以置信了。我向着有着红色花岗岩石柱撑起的屏障走去，这些柱子本身都在诉说着引人入胜的故事。和入口庭院里的柱子一样，这些柱子都是来自古代，而且据说，其中一个柱子，是苏莱曼下令从黎巴嫩巴勒贝克的朱庇特神庙里取来的。在16世纪的奥斯曼帝国，人们一直相信这座神殿是所罗门大帝为示巴女王所建造的宫殿。所以，通过将柱子用在他的“永久的家”中，苏莱曼是在告诉所有人，他要他的清真寺成为所有伟大而神圣的建筑的标志，它需要点缀以与真主的使者——如受伊斯兰教尊崇的先知所罗门——有关的细节。

虽然穹顶是建筑内部最重要的部分，并暗示人们寺庙的精神重点在这中心，但这个清真寺也是麦加朝向——祈祷时面对麦加方向，由朝向墙上的壁龛指明方向——米哈拉布[4]——它告诉人们在会众祷告时应面对哪个方向。壁龛两侧的窗户装饰着彩色玻璃。它们是如此美丽，光线透过彩色的玻璃进入室内，营造出了一种宁静的氛围，让人能更加安心地祷告、冥想。与基督教的彩绘玻璃不同，这

[1] 译文引自马坚译本的《古兰经》第35章33~35节。——译者

[2] 原文Ka'ba，音译“克尔白”，或称“卡巴天房、天房”等，是一座立方体的建筑物，意即“立方体”，位于伊斯兰教圣城麦加的禁寺内。伊斯兰传统认为克尔白是天堂的建筑“天使崇拜真主之处”在地上的翻版，而克尔白的位置就直接在彼天堂建筑之下。——译者

[3] 原文Caliph，指先知穆罕默德的继承者，其弟子即第一代继承者以Khalifat Rasul Allah（安拉使者的继承者）为名，继续领导伊斯兰教，后简化为哈里发。——译者

[4] 原文mihrab，指清真寺正殿纵深处墙正中间指示麦加方向的小拱门或小阁。——译者

些玻璃上没有任何生物或是任何有感知的物体的画面，穆斯林们认为那是一种盲目的偶像崇拜。它们只是简单地装饰以一些植物、乐园花园的景色。在伊斯兰教里，光线是至关重要的，它能指引、也代表着一种精神启迪。《古兰经》内有一章节名为“光明”，在那一章里说道：“真主是天地的光明”，他“引导他所意欲者走向他的光明”[1]。这一章节也记录在了窗户上，而这就是他们想要传达的信息。我登上主大门旁边一个盘旋的楼梯，来到一个小小的房间。这是一个很特别的地方，似乎拥有多重功能。它是清真寺自然通风系统的一部分：当清真寺内部的空气由于朝拜者的体温与数以百计的吊灯与燃烧的蜡烛而变得灼热时，空气开始上升，然后通过高处孔穴离开——其中一些就在这个房间的地板上。然后，灼热的空气便聚集在这个特殊的

[1] 译文引自《古兰经》马坚译本第13章35节。——译者

穹顶上美丽的装饰纹样

数量众多的窗户为
清真寺内部带来良好的采光

房间中，空气中的烟灰也沉积在此，在空气冷却并通过较低的窗口排出去之前，这个房间将热气都锁在了穹顶上方。当热气排出之时，冷气被下方的窗口吸入。这一方式是非常富有智慧的,而这还不是全部,墙面上沉积的烟灰将在被扫下后混入水中制成墨水。

我继续向上走，穿过一扇矮门，进入一个环绕着整个清真寺内部的狭窄走廊。我已经到了一个欣赏穹顶的绝佳观赏点，可以好好地欣赏这令人赞叹的建筑工程。其中令人难以置信的一点在于——因为穹顶是向下的，所以它的重量被分散到建筑的各处结构中。四个巨大的石墩上支撑着四个宏伟的拱门，而拱门又将穹顶的重量传递到了石墩上。每一个石墩都篆刻着一个逊尼派哈里发的名字，他们都是早期穆罕默德支持者，被称为“伊斯兰教的支柱”，因此，这个穹顶和它的支撑物的另一层象征意义也是相当明显的。穹顶的部分水平推力被一对半穹顶相抵消——每个半穹顶直径与主穹顶直径相当——半穹顶的力量与穹顶的水平推力几乎相当，相互抵抗，将重量一直传输到下面的墙面上。当然，飞拱也为穹顶提供了一部分支撑力，它将穹顶重量巧妙地融入建筑中，最后输送到这座建筑的外墙上去。这种精心设计的重量的管理和分散方式使得高墙处的大片空间不用担当支撑建筑的责任，因此可以在上面安置一排排窗户，使上帝之光充满建筑内部。

如今已是博物馆的圣索菲亚大教堂

我想从一个更高的地方看看这座清真寺和它所处的这片环境，于是我爬上其中一座宣礼塔。我俯瞰着这宏伟的穹顶，它被次级小拱顶围绕。我看到了远方苏莱曼尼耶清真寺的灵感来源——大约在 6 世纪 30 年代建造的圣索菲亚大教堂，那时的基督国家中最伟大的基督教教堂——1453 年穆斯林占领了这座城市，圣索菲亚大教堂便被改建成清真寺。它巨大的规模与穹顶结构一度使它成为那个年代的一个奇观，在苏莱曼建造属于他自己的清真寺的时候，他想要去挑战这座圣索菲亚大教堂、超越它，在伊斯坦布尔建造一个能使圣索菲亚大教堂相形见绌的属于穆斯林的建筑。

俯瞰苏莱曼尼耶清真寺

当我站在阳台上的时候，宣礼声响起来了。今天是周五，是伊斯兰教一周中最为神圣的日子，我想要加入周五

寺中庭院

清真寺庭院中的陵寝

的祈祷。当苏莱曼参加周五祈祷的时候，他会带着大批随行人员——超过 7000 人的士兵与朝臣——列队穿过城市，展示着他的权利与威望，一直走到朝向墙壁龛附近的主席台为止。我走下阳台，加入了涌向苏莱曼尼耶清真寺的人流中，爬上了苏莱曼的主席台。我想象：苏莱曼正坐在这里，欣赏着他的伟大杰作——他一定坚信这个清真寺能够保障他进入乐园。仪式开始了。仪式包括听讲、听念，最后则是会众祷告[1]。现在，穹顶的一个新功能显现出来——它能捕捉、反射并放大祷告声，而这不仅仅是靠它本身的形状，同时也是靠它的结构所达到的效果。穹顶上有一排空心陶壶，所以事实上它的一部分是空心的，就像是一个回音板、一个管弦乐器的主体部分——增强了它的回响，提高了它的音量，使只有少数人的声音听起来就像是许多人在歌唱。这些空陶壶将声音带入了建筑本身的肌理之中。

[1] 周五被定为"主麻日"，穆斯林参加主麻礼拜（即"聚礼"），其仪式包括礼拜、听念"呼图白"（教义演说词）和听讲"窝尔兹"（劝善讲演）等宗教仪式。——译者

仪式之后我离开了清真寺，随后进入了寺中庭院。这是一片陵寝，是苏莱曼墓地所在。我走了进去，想看看他长眠的地方。在我面前是一个巨大的箱子，上面覆盖着贵重的布料，顶部放置着一个巨大的白头巾。苏莱曼的尸体就躺在这箱子下方。苏莱曼的坟墓是在他死前设计好的，

诉说着他一生的抱负。这是受一种重要的早期伊斯兰教建筑，即圆顶清真寺的启发，它建在耶路撒冷所罗门神殿，里面也有一块岩石，即登宵石，据说穆罕默德就是在那里夜行登宵的。因此，通过这座建筑，苏莱曼宣称自己是极其重要的宗教领袖，与穆罕默德有着紧密的联系——是当时的所罗门[1]。

不觉已到黄昏，我回头最后再望一眼这个充满力量的宗教建筑群。我被苏莱曼创造的这座乐园的精确性和清晰性所折服。在这里没有上帝，只有真主安拉，只有那些忠实的信徒，正确崇拜、祷告，并跟随着《古兰经》指导的信徒才能够最终进入乐园。没错，这座机器一般的建筑正是这样一个毫不妥协的、理性的宗教对乐园的完美诠释。

[1] 所罗门，为希伯来语，根据《希伯来圣经》的记载，他曾是以色列耶路撒冷的一代帝王，后来在《古兰经》中，他被称为“先知”。阿拉伯语称为“苏莱曼”。——译者

美丽的
苏莱曼尼耶清真寺

位于西奈山脚下的
圣凯瑟琳修道院

## 树立于神圣荒野的据圣经而设的建筑——
圣凯瑟琳修道院（西奈半岛，埃及）

这真是一次奇特的旅程。我正朝一片荒漠中驶去，想在穆斯林领域的核心地区找到世界上最古老的、一直有人居住的基督教修道院。在过去的1700多年中，那里的人们都在寻求隐居生活，只为找到上帝的踪影。我途经的这片土地是西奈沙漠，它处于埃及、红海以及一个现代国家，即以色列之间。据《圣经》中《出埃及记》记载，摩西正是在这片土地上，为了摆脱在埃及的奴役身份，带着以色列的子民们[1]穿越红海去找寻那片“乐土”——那片“满是牛奶与蜂蜜”的土地——犹太人的人间天堂，也正是在这里——在西奈山上——上帝将律法石板及十诫授予摩

[1] 以色列是人名，先知亚伯拉罕之孙，以撒之子，原名雅各，也为《希伯来圣经》中的族长之一，受神之命更名为以色列，所以以色列的子民们等同于雅各的后裔。
——译者

西，并颁布了冗长的指令，教导人如何正确行事、如何举行仪式并从中获益。

我所要去的地方是《圣经》中所记载的这片荒野中最神圣的一片土地。它就是圣凯瑟琳修道院，位于一座高高的山峰脚下，而这座山峰很久以前就被确定为是《圣经》中所记载的西奈山。据说，也就是在这个位置，摩西有了他与上帝令人惊叹地第一次会面。摩西在埃及时谋杀了一名虐待以色列工人的埃及人，因此被迫从埃及出逃，并在西奈找到了避难之所。他在这里娶了一位年轻的牧羊姑娘—— 一位贝都因人，当他在帮岳父叶忒罗照看羊群的时候，发生了一件令他极度震惊的事情，这最终也使得他带领在埃及的以色列人获得解放。他看到一丛荆棘被火烧着，却没有烧毁，正如《出埃及记》第 3 章中所述“耶和华神见他过去要看，就从荆棘里呼叫说，摩西，摩西。他说，我在这里。”摩西朝火光中走去，但喊声却停止了。上帝说道：“不要近前来。把你脚上的鞋脱下来，因为你所站之地是圣地。”我要去的地方正是这片圣地——一个上帝在世间行走过的地方，因为在过去至少 1800 年中人们一直坚称，圣凯瑟琳修道院所在的位置就是曾经燃烧荆棘的地方[1]。

我驱车穿过荒野，在荒凉的花岗岩山峰之间，道路已经荒废，上面散布着大量岩石。这是一番强大又孤寂的景象——没错，与原始本质的自然相比、与上帝相比，在这

[1] 原文 burning bush，应译为“燃烧的灌木丛”，然而据说修道院中有传说中的实体保留下来（本文的末尾），辨识为蔷薇科悬钩子属树莓，也称为“荆棘”，并且查阅中文版《出埃及记》中，基本都译为“荆棘”，因此处为引用文，所以遵循宗教正式译本，注为“荆棘”。——译者

圣凯瑟琳修道院
（联合国教科文组织世界遗产）

修道院坚固的
围墙

里人显得格外渺小和卑微；在这里，人会感到孤独，自己的一切都暴露无遗，尘世中一切的野心和自负都已不再重要。在这里，你必须得面对现实、面对真正的自己。

最后，我到达了一个车辆检查站。就是这里了。当我抬头望向前方，可以看到一些高大的柏树树冠、一群橄榄树和藤蔓，在这片荒凉原始的沙漠中显得非常特别——这是沙漠中的绿洲，是荒野中的天堂。修道院坐落于一片山谷中，我猜那里曾经是古代一条河流的河床，两旁耸立着高高的山峰，沿着其中一座山峰可以到达附近的西奈山。我爬上了修道院以北的一个花岗岩山峰并从那里往下看。自 3 世纪晚期起这里就有一座基督教修道院，但一直到 6 世纪早期它才发展成现在的样子，那时这里主要是基督教占统治地位，百年之后伊斯兰教才开始崛起，而西奈山就位于伟大的东罗马帝国边缘地区[1]，当时的拜占庭帝国是世界上最强大的基督教势力，以君士坦丁堡为中心，也就是现在的伊斯坦布尔。527 年，皇帝查士丁尼决定重新修建位于曾经燃烧荆棘的那片土地附近的所有简陋建筑，并且要修建得富丽堂皇，而且围上了坚固的围墙以抵御异教徒阿拉伯人的袭击。似乎这位皇帝为了纪念他的妻子狄奥多拉，想要表现他对这片神圣场所的敬意并想在这片圣地上留下属于他的痕迹。

因此，圣凯瑟琳修道院就被修建成了现在的样子——从建筑角度而言，这是一座极佳的修道院，同时它也是一座坚固的前哨堡垒。我往西墙的一扇小门走去，这是一个古老而结实的以铁条封装的东西。一位瘦高的修道士给我开了门，他长长的头发和胡须已是花白，身穿一件黑色长袍，头戴一顶圆盒帽，打扮非常讲究。如今这个修道院由希腊正教会管理，但接待我的这位修道士并不是希腊人，而是德克萨斯人。他名叫神父贾斯汀，将带领我参观这座

[1] 原文 Byzantine Empire，即拜占庭帝国。从历史角度而言，东罗马帝国是在罗马帝国自东西分治后，帝国东部罗马政权的延续（相对于帝国西部的西罗马帝国）。而 16 世纪以后，开始有学者称之为拜占庭帝国。——译者

修道院内的钟楼

修道院并为我解释其中蕴含的生命之理。但首先，我必须见一见神父贾斯汀的上级。管理这个修道院的是一位大主教，但现在他不在这儿，所以我将要见的这一位是职位仅次于他的神父保罗，年近70，是一位非常热情的希腊人。

我告诉神父贾斯汀我想参观的地方，然后就全然由他做主了。首先，我们来到了墙外的花园——这是一个真正让人难以忘怀的杰作。在过去的几个世纪中，这里的修道士们一直都在挖井、收集土壤、为各种各样极具实用价值的植物提供养料。除了藤蔓和橄榄，这里还有杏树、苹果树、椰枣树和一大片蔬菜、草莓的苗床。我看到一位修道士正在修剪橄榄树——原来正是那可亲的神父保罗。我提出帮他拿着那些修剪下来的树枝，然后我们一起拿着这些树枝来到一个围栏旁，里面有一小群活蹦乱跳的山羊，接着神父保罗跨过围栏将橄榄叶喂给山羊。这些山羊被精心照料、疼爱着，显然不是用来摆上餐桌的。我问神父这些山羊对修道生活有什么用，他说能提供羊奶，这是理所当然的。我们继续往前，见到了另外一个不同寻常的景象：勇敢的神父米哈伊尔正在照料蜂房。他没有穿戴任何防护设备，站在一大群蜜蜂中间，正在取出蜂窝打算收集蜂蜜！在这样的荒野中这是多么田园的风光啊——真的是牛奶和蜂蜜之地！

从低处看院内的教堂

神父贾斯汀带着我重新

走进修道院内，我们前往一个属于他的领域。他负责照看图书馆——这并不是一个普通的图书馆。圣凯瑟琳修道院收藏有近 4500 本抄本（被装订成册的手抄本）以及一些自 15 世纪以来的孤本手抄和印刷本，是仅次于梵蒂冈图书馆的第二大早期基督教真本图书馆，因此成为了世界上最重要的图书馆之一。除此之外，圣凯瑟琳图书馆还是最大的宗教圣像藏馆——共 2000 多幅，事实上，这里收藏了近半数现存的拜占庭圣像。

我们继续往前走。穿过修道院中狭窄的道路和庭院，看着 12 世纪的餐厅以及刻在大门和里面石拱门上的粗糙的雕刻，其中部分是 1099 年耶路撒冷基督教王国建立后所刻，随后基督教力量在圣地逐渐衰落，但此后很长时间内仍不断有朝圣者们来圣凯瑟琳修道院朝拜，另外一些刻画便是出自他们之手。这些朝圣者来此不仅仅是为了崇拜燃烧荆棘和西奈山的遗迹，同时也是为了目睹一副珍贵的圣人遗骸，它在非常不可思议的环境下保存于修道院中。最开始这个修道院是用来纪念圣母玛利亚的，因为早期的基督教徒们相信圣灵感孕说与烧不尽的荆棘丛有相似之处[1]，但当修道院拥有亚历山大的圣凯瑟琳那能分泌油脂、治愈疾病的神圣骸骨后，这里便成了祭祀圣凯瑟琳的地方。4 世纪时，她英勇牺牲，但到了约 700 年左右，基督教世界一致认为她的骸骨一直奇迹般地保存于西奈山中，并在彼时为圣凯瑟琳修道院所获。在那个时候圣人的骸骨是

[1] 基督教徒认为两者都是关于耶稣是圣子的证据，是神的启示。——译者

希腊东正教徒
在教堂内做祷告

一株巨大的摇钱树——并且根据后来颁布的教皇诏书，人们很快开始认为，只要是曾到圣凯瑟琳修道院朝拜过的人都可以有一年的放纵期，也就是说死后可以免受一年炼狱之苦。随着朝拜者们的到来，钱财也随之而来——12、13 世纪是圣凯瑟琳修道院最富裕的时期。

该去看看教堂了。教堂约建于 550 年，是一座长长的、低矮的建筑。我走下一排台阶，穿过西门便进入了一个狭窄的前厅——也就是教堂前厅，这里还有另外几扇门，都建于 6 世纪中期。现在，我已经完完全全身处教堂之中了。

当我行走其间的时候我发现门上都雕刻着一些在花草树木间欢腾的生物，非常精美。建于 6 世纪的平顶梁高高地悬在上方，也刻着类似的画面——天堂的景象。梁上还刻着查士丁尼大帝和他妻子的名字以及建筑大师斯特法诺斯的名字。很明显，在教堂初建之时这是一个非常重要的地方，其建筑——细节和外观——都在讲述它的意义。从平面上看，教堂是一个长方形廊柱大厅，高大的中殿两边是稍矮稍窄的侧廊。这种设计源自于罗马公共建筑，并最终成为了西方基督教堂的典范。

一些巨大的单体式花岗岩石柱将中殿和侧廊分隔开来，从石柱的大小和重量可以看出，这是一个非常庄严的建筑（可惜的是，如今这些石柱都被覆上了石膏）。石柱一共有 12 根——每侧 6 根。数字 12 再次出现——1 年 12 个月，12 使徒，黄道 12 宫——这意味着什么呢？每个石柱的花岗岩柱顶都经过精心雕刻，有一些是可以互相匹配，而有一些则是单独存在的。柱顶上刻着十字架或是神的羔羊（即耶稣基督），一些柱顶上则刻着极具特色的叶子，看起来有一点像罗马柯林斯柱式。其中一个柱顶上装饰有新月图像——这是伊斯兰教的标志，然而近百年后伊斯兰教才兴起。在这里，也许这是圣母玛利亚的标志，可能它与月亮的古老传统息息相关，而月亮则影响着女性周期，因此它是女神的象征。另一个柱顶上刻着一个十字架，十字架的臂架左右各悬吊着希腊字母阿拉法（α）和俄梅戛（Ω），很明显，这直接源自于《启示录》，因为在《启示录》中耶稣曾对圣约翰说过一句令人印象深刻的话："我是阿拉法，我是俄梅戛，我是首先的，我是末后的……是昔在今在以后永在的……"。[1] 这有助于我们了解这个修道院的建筑意义。《启示录》一定是被作用于修道院的设计指南了。第 23 章中[2] 讲到了圣城，源自天堂的"新耶路撒冷""长宽高都一致"，每道外墙都是 144 腕尺，因此新耶路撒冷是一个巨大的立方体，尺寸正好是 12 乘上 12。用现代丈量方式来看，144 腕尺约等于 79 米。我快速计算了一下圣凯瑟琳修道院的规模——平面基本是一个

[1] 引文出自《圣经》新约《启示录》第 22 章 13 节。——译者

[2] 或许中英《启示录》版本不同，中文版"新耶路撒冷"城内容在 21 章出现。——译者

现存最古老完整的《新约》，公元350年《西奈抄本》

正方形、而数字12在这里似乎又具有极其重要的意义——然后发现修道院四面墙的平均长度是80米。天哪，这座修道院是按照新耶路撒冷而建的——它是作为预言书而建，是上帝之语的石化形态。

我沿中殿走着，在我面前出现了一个巨大的屏帏，上面装饰着很多圣像画❶。屏帏之后是一个圣坛，上面有一幅精妙绝伦的马赛克，正是基督显真容图，这幅马赛克可

❶ 这种装饰有很多圣像画的屏帏也称为“圣幛”，英文iconostasis，是东正教用来分割教堂内殿的屏帏。——译者

修道院博物馆中的耶稣像

能是在修道院建成不久便镶嵌好的，在它的左上方和右边的角落里，分别画着摩西在进入燃烧的荆棘丛之前脱掉鞋子的画面和在西奈山上被授予律法石板的画面，这些都在提醒着我这座教堂存在于这里的意义和原因。我走到主圣坛后面，往教堂东边的一个小礼拜堂走去。和摩西一样，我也脱下了鞋，然后进入其中。这里是基督世界中最非同寻常的地方之一——也是犹太人和穆斯林的圣地——自 2 世纪或 3 世纪起，这里就被誉为是燃烧的荆棘丛所在的地方。如今荆棘丛已不在这里，一个圣坛立于其曾生长地之上，然而这里的氛围非常引人入胜。就像上帝告诉摩西的那样，这里是一片“圣地”。

一天快要结束了，还有最后一个地方我想去看看——坐落于花园中间的墓地。当夜幕开始降临时，我来到了这里。令人惊讶的是修道院中的墓地非常小——只能容纳 6 座墓穴，但这是因为每隔一段时间葬在这里的僧侣尸骨就会被重新堆放进旁边的藏骸所，而新的尸骨则会被葬进墓地。我走进藏骸所，每一侧都堆满了骸骨，我环顾四周——

悬钩子属植物

这里已收藏了 14000 年以来的骸骨。

这个修道院中还藏有另一层惊喜。我重新走进墙内，向教堂走去。在那标记着燃烧的荆棘所在地的小礼拜堂的东面——正是那曾被燃烧的荆棘！这里的僧侣们相信燃烧的荆棘根系依然存活着，就在小礼拜堂中的圣坛之下，并且如今它正在泥土之外——上帝的光明之中——繁衍生长。真是个让人惊讶的故事。我看着眼前这繁茂的大灌木丛——这是蔷薇科的一种，叫做悬钩子属。我抚摸着它的叶片。《启示录》中提到了一棵树——生命之树——它生长在新耶路撒冷，可让未来充满希望，因为书中提到，它的叶子可以“医治万民”。真是个美好的想法。如果在 1450 年前，圣凯瑟琳修道院是受到圣经原文的启迪，作为新耶路撒冷被建造出来的，那么它的存在就是为了建造一座人间天堂——因此这棵树以及它的叶子就异常重要。毫无疑问，《圣经》是这座修道院的设计灵感来源，如果是这样的话，那么从《圣经》中也一定可以找到关于修道院意义的秘密。《诗篇》第 118 篇中的一些被刻在了教堂大门上，此刻我读着其中第 12 节——“12”这个数字似乎与这座修道院密不可分。结果令我非常惊讶，其中提到了由罪恶之心组成的“万民”，它就像“如同蜜蜂围绕我”，但又“好像烧荆棘的火、必被熄灭”。我站在这荆棘玫瑰丛下，在它那能治愈万民的叶子之下，想到耐心驯养着那些凶猛蜜蜂的神父米哈伊尔。夕阳西下，于我而言，这一天就像是一首寓言。

神奇的土地——
斯里兰干

## 印度教七重天堂之旅——
斯里·兰甘纳萨寺（斯里兰干，印度）

快要凌晨 5 点了，我即将进入供奉着斯里·兰甘纳萨·斯瓦米的壮丽寺镇，它就坐落在印度南部的圣岛斯里兰干上。这座大型寺院建于 13 世纪，供奉着毗湿奴的化身之一，毗湿奴是印度教最强大的三大神灵之一，同样也是印度教对于他们心目中的天堂最有力的再现。我望向寺院的哥普兰塔门—— 一个高大的金字塔形大门——它高耸于几里之外茂密的树丛中。印度教徒将日出前的那段时间视为吉时，因此现在我周围所有的人都赶着在日出之前完成他们的仪式、向神明和先祖们祷告。而我，则正好在日出之前穿过了高韦里河，它在印度南部犹如恒河在北部一样神圣，现在，我踏上了这片神奇的土地。

我首先要去的地方不是寺院，而是一个石阶码头，这儿只有一排平坦的河岸石阶。一群婆罗门祭司快步进入我的视线中。他们扛着一个巨大的铜壶，铜壶悬挂在长杆上，由四个人扛着。据说他们来这是为了替居住在寺院中的神明搜集圣水。这些婆罗门迅速将铜壶中装满水，返回了寺院，神明将在寺院中醒来、在圣水中沐浴，然后穿衣、享用普拉萨德——神圣的食物——眼前是他最喜爱的瑞兽，即一头奶牛、一头大象，耳边传来七弦琴——印度南部一种弦乐器的乐声，一切都让他很愉悦。

我离开了石阶码头和那些在河水中沐浴的人，跟着这些婆罗门来到了寺院。眼前的景象让我目眩神迷。兰甘纳萨寺真是一个超凡卓绝的地方——它被看做是一个巨大的曼荼罗[1]，是一个象征着宇宙的几何图形，它由一层层同心围地构成，分别代表灵魂之旅的不同阶段。在兰甘纳萨寺，这场灵魂之旅始于寺院外界的尘世——也就是我现在所站的地方——沿着这条路径，它将逐渐带领你进入所有精神力量、灵性知识的神圣来源核心。所以，在印度教的概念中，我现在已经进入了一个由受启迪的人类所创造的神奇国度中，它能引导人们与神明同在，并得到莫克夏[2]——从生命无限的痛苦循环中解脱出来，免于世间的生、死与重生。这座寺院意图创造出一个微型的宇宙、一种造物的图释、一条可从世间苦痛中逃离出来的路径——这是神明之所。

[1] 原文 Manadla，原义为圆形，意译坛、坛场，指一切圣贤、一切功德的聚集之处。初为修行而建的土台。后将内涵意义绘成图像，形成了许多不同形式的绘图，也是举行宗教仪式和修行禅定时所用的象征性图像。也代表了印度宗教的宇宙观与模型，表示“万象森列，圆融有序的布置”。另外是茶花古名，故图案设计得有花形，也译为“曼陀罗”。——译者

[2] 原文 Moksha，（佛教、印度教、耆那教中的）从轮回中得到解脱。——译者

兰甘纳萨寺

我往下一层围地走去。事实上，兰甘纳萨寺由 7 层围地组成，共占地 156 英亩，里面不仅有市场，还有商店、作坊、房屋，以及神龛、祷告堂。这座寺院是大世界中的小世界，是一座真正的寺镇。每层围地都是矩形，在每条围边近中心的位置，都有一个金字塔形的出入口——哥普兰塔门。这些哥普兰塔门队列直线贯穿了整座寺院，最终汇于中心圣殿——又称维摩那[1]——非常惊人的视觉效果。当我从尘世的外围——拥有市场和商店的围地——穿过哥普兰塔门时，透过我面前的层层围地，可以看到一条漫长的道路一直通往这座寺院神圣的核心之所，或者至少能让我在不断涌来的拥挤人潮之中瞥见一眼寺院中心。这些哥普兰塔门建筑本身就非常引人注目，每扇塔门上都有层层叠叠的色彩明艳的雕像，包括神明、女神、尘世间的统治者、残忍的恶魔以及守护的神灵。我还注意到另一件事，越接近寺院中心，哥普兰塔门的规模就越小，我猜，在这里“大”并不意味着“好”;“大”映射的物质世界中，

[1] 原文 Vimana，（印度）多层金字塔，也译为“方尖庙”，含意是“神的天上宫殿”或是“神的载具”。——译者

可见物占支配地位，而那些较小的塔门更接近寺院神圣的中心，是为昭告世人，在探索精神之旅时，信奉不可见的精神世界并且放弃尘世间所有形式的权势的必然性。伟大的寺院，正如我现在探索的这一座，并不仅仅是人类创造出来的宗教礼拜场所，它们本身就是人类崇敬的对象、是它们所供奉的神明在世间的具现、是通过礼拜仪式祈求神灵的神圣宇宙景象，同样，它们也是人间天堂。因此对印度教徒而言，这座寺院是一个有灵的生物，神圣之力赋予了它们生命。

古拉姆米绘

现在，我来到了第二层围地之中——或者按照印度教徒的说法，是“自围绕至圣之所的第一层神圣中心围地往外第六层”。第二层围地更宁静一些，但仍有尘世之感，街道两旁排列着婆罗门家族的住所，按照传统，婆罗门是为寺院服务的人。我现在要去见一位女性，她的家族已在这里居住了几个世纪，她是寺院终身的侍者，神明世俗的侍从。晨光中的寺院显得与众不同。在这些婆罗门住所外，女人们正要完成她们开始于天仍未明之时的仪式。她们在为那些设置于门前地上的古拉姆米绘[1]做最后的收尾工作。这些古拉姆图腾，在每日清晨被绘制出来，以表达敬意、自身的净化、并向神明和先祖们祈福，而在日落之前，它们就会因生活中的通行踩踏而毁灭。它们都是由染上鲜艳颜色的米粉绘制的——毕竟兰甘纳萨也被称为“色彩之神”——并能被做成各种复杂的几何图案。我驻足凝视其中一个图腾，制作它的那些女性也停下手下的工作，对着我微笑。我向她们

[1] 原文 kollam 应改为 kolam，不是 kollam。是印度的一种传统地画艺术，常见于屠妖节（排灯节），一般用米粒、米浆、米粉等白色粉末在地面勾画绘制图腾，现在也有用染色的米来丰富图案，为家庭纳福祛灾、欢庆迎客等用意。可能等同于“蓝果丽（rangoli）”。
——译者

问及古拉姆的设计，我们的家族一直是这样做的，她们说，这是要奉献给神明的。没错，每个家族都有自己的设计语言，可是至少这个的目的是明确的。就像寺院本身一样，它也是一个曼荼罗，设计为一个有六朵花瓣的中心图样，由 12 种不同的径线制成，在人们冥想之时，可以集中精神于此，是一个神奇的、能给人以保护的图案。

我继续往前，走进了一间房屋。普蕾玛·莱达古玛医生——她丈夫的家族已在此生活了 200 年——将要向我讲述关于她家族的故事、他们的信仰和他们与这座寺院之间的关系。我们在厨房见面，厨房非常大、一尘不染，她告诉我，在这里，不仅要为他们的家庭准备食物，还要为神准备食物。“神？”我问。“是的，他就住在隔壁。”于是我们从厨房走到了旁边的普迦供房中——这是家用的小礼拜堂——我看到里面有一个华丽的神龛，里面供奉着毗

毗湿奴

湿奴的像，他化身成了兰甘纳萨的样子（休息时的三种化身之一）。他正在接受朝拜，一名婆罗门祭司在他面前吟唱，人们为他献上了食物。普蕾玛医生温柔地、虔诚地凝视着这位神明的形象。“对我而言，”她说，“他是有生命的，是我们家庭的一员。我们很不喜欢外出时将他独自留在这里。”她向我讲述了丈夫对他们所居住的这个寺庙的责任，这种责任是代代相传的。“这可能很复杂，”最后她又补充道，“可是我们毕竟只是人类。这些仪式和印度教的所有神明，都是我们人类能接近那伟大的造物主神力的唯一途径。”

我离开这座迷人的房屋，继续往寺院中心走去。我走过狭窄的第三层，来到了第四层围地——这座天堂的第四重天。从某种程度上说，到这里才算真正进入寺院。在过去，社会等级低的印度教徒——也就是所谓的“贱民”——到这里便会被婆罗门拦住，不能再继续往前。到了这里，所有与尘世相关的建筑和功能都有所减少，没有房屋，只有少数为朝拜者们提供的摊点和食堂，然而，与寺院功能和神明生活直接相关的神圣建筑却有所增加、规模有所扩大、质量也有所提升。我沿着这层围地走了一圈，和在大多数神圣的建筑物中一样，我是按顺时针方向走的。很快，我就看到了这座寺院中最精美的建筑之一，那就是维努格帕拉神殿，用于祭祀克利须那神——毗湿奴最强大的化身，就像他的名字一样，他的一生与耶稣惊人的相似。据说克

兰甘纳萨寺鸟瞰

利须那和耶稣一样，也是救世主，他化为人形从天堂来到人间，重生后在人间宣扬仁慈和爱。但与耶稣不同之处在于，他的爱有很多种方式，据说，他有16000多位妻子。也许正是因为这样，这座建筑（据说建于14世纪，但有可能是16世纪才修建而成的）——外围雕刻着许多婀娜多姿、年轻貌美的女人，非常精美。真是一大视觉享受。其中一个女人弹着七弦琴，另一个女人正望着镜子自我陶醉着，还有一个女人——姑且叫她“害羞的女孩”——一丝不挂地躲在角落中，正试图用双手遮住她的私密部位，然而效果却不太理想。

我爬上附近的一个屋顶，想俯瞰整座寺院。一幅精妙绝伦的建筑情景就这样展现在我眼前。我可以看到那些色彩艳丽的哥普兰塔门上满布精心雕刻过的细节装饰，寺院的七层同心围地组成了一个方形罗盘，而这些塔门则从罗盘四边的中心分别连成四条直线，最终在金色的拱顶神龛——寺院神圣的中心——相汇聚。同时，由于越靠近中心神圣的神龛塔门越小，因此我眼前的这番景象像是与成像原理相悖，非常奇怪。在这里，哥普兰塔门隔得越远，规模则越大而非越小——这真让人困扰。

飞鸟
从兰甘纳萨寺上空掠过

我绕房顶走着，观看着这场建筑的歌舞剧盛宴，一次又一次编排又重构那些整列塔门的透视，但每次，我的目光都会落回到中间那规模稍小但却金光闪耀的神龛上——那里是至圣之所。这是毗湿奴以兰甘纳萨的形态驻留的地方。依据传统，当这里一切安置好后，毗湿奴——实际上是整座寺院——将被转移到斯里兰卡，毗湿奴曾在那里化身为罗摩，与一名魔王进行战斗。但当转移的日子到来之时，毗湿奴却拒绝了，称他很满意现在这个住所。他做出的唯一让步就是人们可以改变他的姿态：通常在他的寺院中，他是斜躺着面朝东方——面朝朝阳，与古代埃及寺院一致——但在这里，他却是斜躺着、朝南面向斯里兰卡的方向。然而，这座金色的中心神龛却不仅仅是神明所住之处，同样也是这座寺院的核心与灵魂所在。对印度教徒而言，正是这座神龛让整座寺院成为了有灵的生命。至圣之所建立起来以后，人们开始举行一种仪式——加巴·尼亚萨，即“子宫安置”。下面的土地中将“孕育”一个铜壶，它象征着大自然，里面装有九种珍贵的物品——包括石头和药材等。铜壶被埋入地下后，上面会放上一块石板，而神明的塑像将落座于此。这个圣所——寺院的子宫房——是一个新生之地，神明的灵魂将会在铜壶中被孕育出来，再栖身于塑像。这个至圣所本身就代表着宇宙——可见的宇宙中的七个国度——包括五种基本元素：铜壶代表土地、墙壁代表水、拱顶代表火焰、沿拱顶顶部而设的四个瓶形顶饰——即使相隔这么远我也

兰甘纳萨寺石柱细部

能一眼分辨出来——代表空气，而壶上突出的尖顶则代表神秘的第五元素——无形的以太，即虚空。

我离开屋顶，继续绕第四层走着。我走过千柱大厅，经过一个满是泥沙的小庭院，一座洁白高耸的哥普兰塔门就伫立其上，然后进入了塞斯哈拉雅·曼达波[1]，它建于16世纪鼎盛的毗奢耶那伽罗王朝时代。为了与当时的时代气息相呼应，这座曼达波的入口石柱上刻着一些马匹形状，这些马匹正在与咆哮的老虎、大象以及其他神话中的野蛮生物作战，斗志昂扬。马上的骑士挥刀砍向这些野兽，而步行的猎手则在对手毫无防备之际，将晃动的匕首刺入了它们的腹部。据说，这其中一些古怪的猎手代表着葡萄牙人——刚到这片土地的外来人士。这些画面非常血腥，然而曼达波内部却雕刻着舞者。

[1] 本书系第一分册的“太阳神庙”篇章提过曼达波是印度庙宇的“有列柱的主厅”一词的音译。——译者

现在，我来到了结构更为紧凑的第五层围地，这里有为朝圣者和神明准备食物的厨房、公共餐厅，这里还有圣牛、粮仓和一个17世纪的迦楼罗神龛——毗湿奴的圣骑，大鹏金翅神鸟。而这里是这段旅程的终点，最后两层和中心的至圣所只为印度教徒开放，因此我所能做的只是站在外面，凝视那片我无法进入的世界。就如古代埃及寺院一样，在这个寺院中，越接近神圣的中心，围地和建筑结构就越小、越暗、越私密。现在，我只能努力望向寺院中心那个世界，它似乎被一层神秘的幽暗包裹着，几乎所有的庭院都盖上了屋顶，而不是露天开放。

但是我的旅程并没有结束，我仍将继续参观这个伟大的寺镇。今天是毗湿奴游车节，为数不多的展示兰甘纳萨及其配偶女神拉克什米形象的日子，一小部分塑像将被从至圣所中取出，并沿着院城行进，展现在人们眼前。这些美丽的塑像被放置在一个巨大的四轮马车上方，并沿着宽广、对外开放的第三层围地绕一圈。马车有三层楼高，神

明们也已被安置进了移动的神龛中。马车上连着两条粗绳，婆罗门、城里的居民、男男女女、各种阶级的印度人、游客们还有我拉动绳索，马车便载着神明们开始移动。这是一个有包容性的、民众的节日，太令人惊叹了。渐渐地马车开始往前行进，然后停下。人群在短暂休息之后再一次拉动绳索，于是马车又前行一段距离，这样循环往复着，节日便持续了一天。看着人们在这里相聚，一起朝拜、传送着他们的神，真是一件令人欢欣鼓舞的事。我知道了，这座寺院的结构和设计极具装饰性和象征性，同样也具有极强的实用性，因为它为我身边正在进行中的仪式提供了一个完美的舞台。这座寺院确实像一座人间天堂，信徒们穿梭于寺院的庭院、神殿、各围地之间，他们的爱戴赋予寺院生命，让它成为了所供奉之神的化身。

人间天堂——
兰甘纳萨寺

## 扩展阅读

以下是在为英国广播公司第2频道的《漫游世界建筑群》系列纪录片及本书做准备时参考的出版物，也可供读者作为扩展阅读的借鉴。


### 梦想

*Discovery Guide to Yemen,* Chris Bradley, London, 1995

'The world's most influential prison', Norman Johnston, *The Prison Journal,* vol. 84, No. 4 December 2004

*A History of Building Types,* Nikolaus Pevsner, London, 1976

### 仙境

*Sri Ranganathaswami,* Jeannine Auboyer, Paris, 1969

*Suleiman the Magnificent,* Andre Clot, 1992

*Gardens of Paradise,* John Brookes, London, 1987

*Architecture in Wood,* William Pryce, London, 2005

*Wooden Churches of Eastern Europe,* Edward Buxton, Cambridge, 1981

*The Wooden Architecture of Russia,* Alexander Opolovnikov, London, 1989

*The Church of the Transfiguration,* Valerie Zalessov, 2001

# 译者后记

电影作为当下信息时代不可或缺的影视产业之一，其诞生始于纪录片的创作。“纪录片”一词来源于英国（约翰·格里尔逊）。英国广播公司（BBC）作为世界最大的新闻广播机构之一，其录制的纪录片题材广泛、制作精良、画面精美，有着世界公认的地位。而本书系的英文原著最初就是来自于英国广播公司（BBC）的同名专题系列纪录片。

现在,《漫游世界建筑群》的中文版书系终于和广大读者见面了。通过本书系“前言”中作者丹·克鲁克香克（Dan Cruickshank）的诚挚推介，读者们可以知道这本书是如何完成的。本书并非专门为建筑学界人士而著，它更像是一部小说，讲述了世界各地不同时代、不同文化背景下的故事，所以无论是考验生死存亡的极地还是充满权利斗争的宫廷，都被精心记录于其中。愿读者们在细酌之余，能体会此书的博大精深，皆能有所受益，实为本书之最大意义所在。

《漫游世界建筑群》这套书共包括 8 个主题，覆盖 19 个国家，涉猎了 36 座建筑。其题材的广泛性决定了内容的复杂性和背景资料的多样化，也决定了翻译角度的多元化，如对于原著所涉及到的宗教文化差异，翻译时就要考虑“功能相似”原则，灵活地使用“意译”加“注释”法。此外，作者是一位老牌的英式学者，在作品中非常喜欢使用巴洛克式的长句，也就是那种层层叠叠如同阶梯式瀑布般壮美、阅读起来极具音律感、逻辑缜密的主从复合句。在阅读这样的语句时能够让人感受到其中的思想、力量和美感。有人曾经说过中英文的不同是因为逻辑关系不同，而逻辑关系的变化必然引起语法结构的变更。对原著的译注是一项浩大且精密的工程。而在这个过程中，译者也非常关注如何在结构的变更中，忠于原文的情感表达，让读者从文字中感受到作者的激情，感受文中描述的建筑中所蕴含的历史，感受甚至体验曾经的那些故事、那些人物、那些情怀。然而，西式的这种热情在用中文表达时，就显得较为困难。相较于东方的含蓄、内敛、淡然处之，西式的表达显得更为浓烈、激荡、开门见山。在翻译过程中，如何把握语言，既能让读者感受原著的文化氛围，又能在中文表达时展示雅致、不显直白，对于我而言仍是一条漫漫长路。

本书在翻译过程中，得到国内外许多友人的鼎力相助。定居美国的陈初、英国的邹会和叶文哲、中国台湾的谢碧珈，还有李明峰、高侃、黄艳群等朋友，他们为本书的完成给予了很大的支持和帮助，在此一并表示衷心的感谢！

此外，中国水利水电出版社的李亮分社长、李康编辑在本书系的前期策划、文字润色、插图配置及后续出版工作中付诸了极大的心血和劳动，使其以更为完美的形态呈现在读者面前，尤其是重新设计配置的精美图片更是为本书带来美妙的阅读体验，而美术编辑李菲的精心设计最终让所有人对本书爱不释手。在此也对他们的辛勤付出表示诚挚的谢意！

这是本人的第一本译著，出于专业原因，我对《漫游世界建筑群》可谓怀有天然的好感。虽然我对于景观和建筑知识有着兴趣和标准上的追求，但我并非翻译出身，也无经验，即使曾经留洋，也难以做到让读者有如阅读出于国人手笔的作品一样的体会。 对于本书，我在不偏离原著主旨内容的原则下，尽量运用通顺流畅的文句，使读者在阅读时没有生硬、吃力的感觉。但由于本人水平有限，译文中必然存在不少问题，所以，在此诚恳地欢迎广大读者批评指正，并提出宝贵意见。

译 者

2015 年 12 月

第一译者介绍

吴捷，浙江理工大学艺术与设计学院讲师，英国谢菲尔德大学景观建筑学专业硕士，主要研究方向为环境设计。2010 年进入浙江理工大学执教，先后教授过历史理论、景观、建筑、创意概念设计等方面的课程，致力于可持续性景观、公共空间和文化领域的研究工作，并发表了相关的学术论文。

图书在版编目（CIP）数据

漫游世界建筑群之梦想·仙境 /（英）克鲁克香克著；
吴捷，杨小军译. -- 北京 : 中国水利水电出版社，
2016.1
（BBC经典纪录片图文书系列）
书名原文：Adventures in Architecture
ISBN 978-7-5170-4099-6

Ⅰ. ①漫… Ⅱ. ①克… ②吴… ③杨… Ⅲ. ①建筑艺术－世界－图集 Ⅳ. ①TU-861

中国版本图书馆CIP数据核字(2016)第026985号

北京市版权局著作权合同登记号：图字 01-2015-2702
本书配图来自CFP@视觉中国

责任编辑：李 亮 李 康
文字编辑：李 康
插图配置：李 康

书籍设计：李 菲
书籍排版：李 菲

| | |
|---|---|
| 书　　名 | BBC经典纪录片图文书系列<br>漫游世界建筑群之梦想·仙境 |
| 原 书 名 | Adventures in Architecture |
| 原　　著 | 【英】Dan Cruickshank（丹·克鲁克香克） |
| 译　　者 | 吴捷　杨小军 |
| 出版发行 | 中国水利水电出版社<br>(北京市海淀区玉渊潭南路1号D座 100038)<br>网址: www.waterpub.com.cn<br>E-mail: sales@waterpub.com.cn<br>电话: (010) 68367658 (发行部) |
| 经　　售 | 北京科水图书销售中心 (零售)<br>电话: (010) 88383994、63202643、68545874<br>全国各地新华书店和相关出版物销售网点 |
| 印　　刷 | 北京印匠彩色印刷有限公司 |
| 规　　格 | 150mm×230mm 16开本 8.5印张 98千字 |
| 版　　次 | 2016年1月第1版 2016年1月第1次印刷 |
| 定　　价 | 39.00元 |